# 楽しみながら学ぶ
# 物理入門

山﨑 耕造 著

共立出版

# はじめに

　物理は自然科学の中で最も基礎的な学問分野の1つである．力学をはじめ，熱・統計力学，電磁気学，固体物理学やプラズマ物理学，量子力学，相対性理論，宇宙論などの多岐にわたる分野でもある．近年は，生物物理，医学物理などの幅広い領域への展開がなされてきている．

　筆者は，現在いくつかの大学で基礎物理学，力学，電磁気学，エネルギー学などの講義を担当してきている．理工学部の学生にとっては物理学の中の力学が教科の基礎である．一方，生物系や医療系の学生にも物理学は重要であり，生物系の理科の教職課程の基礎科目として，また，医療系の放射線取扱主任の国家試験などの基礎として必要である．

　筆者のこれまでの講義をベースにして書き下ろしたのが本書である．理工系の力学や基礎物理学の教科書として，また，生物系や医療系の基礎物理学の教科書として利用可能である．

　前半に力学（剛体，流体を含めて）を，後半に様々なエネルギー編として，熱，波，電気，原子を，最後に生命と宇宙の特別編を記載している．高校での物理内容が「物理基礎」と「物理」とに最近変更になったことも考慮して，半年の理工系の基礎物理学（力学）の講義用と，半年の生物・医療系の基礎物理学の講義用とを一体化した教科書である．

　Ⅰ．基礎編　第1章　物理基礎
　Ⅱ．前篇（力学）
　　　　　第2章～3章　運動論
　　　　　第4章～7章　力学
　　　　　第8章　剛体力学と流体力学
　Ⅲ．後編（様々なエネルギー）
　　　　　第9章　熱力学
　　　　　第10章　振動・波動論
　　　　　第11章　電磁気
　　　　　第12章　原子物理
　Ⅳ．特別編（生命と宇宙）
　　　　　第13章　生物物理と医学物理
　　　　　第14章　宇宙物理と素粒子物理

　理工系の半期の基礎物理学（力学）の講義としては，9章以降のエネルギーや生命・宇宙の興味がありそうな話題を一部交えながら，8章までの力学の内容を詳細に説明できるようにした．

　生物・医療系の基礎物理学の講義としては，高校時代に「物理」を履修していない学生も多いので，前半の力学は一部難解な内容をスキップして説明し，後半は電磁気学をかなり削減した内容として生命の話題を含めた簡潔で幅広い説明ができるようにした．

各章ごとに 5 節にまとめてキーワード，本文，例題，演習問題を記した．これまでの講義では，関連しそうな映画の予告編ビデオを通じて物理の課題に興味を持ってもらうようにしていたが，この「映画の中の物理」の記載も含めた．また，講義では意外と正解率の低かった「物理クイズ」も掲載し，さらに「科学史コラム」も各章の終わりに記載して物理に興味を持ってもらえるように配慮した．

　物理の考え方，物理的な疑問には様々な場所，様々な場面で出会う可能性がある．本書により日頃から物理に親しむ学生が増えることを願っている．

　最後に，本書発刊の企画と編集にあたり，共立出版（株）の清水隆課長，および，編集担当の杉野良次氏に多大なご尽力を頂いた．また，それを支える形での多くの方々のお蔭により，本書が出来上がった．ここに厚く感謝の意を表したい．

2015 年 10 月吉日<br>
山﨑耕造

# 目　次

〈Ⅰ．基礎編〉
## 第1章　物理の考え方：物理基礎 ·················································1
    1.1　物理とは ······················································1
    1.2　物理量と単位系 ················································1
    1.3　有効数字と標準偏差 ············································3
    1.4　基本単位の定義 ················································4
    1.5　物理量の次元 ··················································6
    演習問題 ····························································7

〈Ⅱ．力学編〉
## 第2章　速度と加速度：運動論 1/2 ·················································9
    2.1　運動と距離，変位 ··············································9
    2.2　平均の速さ ···················································10
    2.3　速度（瞬間速度） ··············································10
    2.4　加速度 ·······················································11
    2.5　導関数（微分係数） ············································12
    演習問題 ····························································13

## 第3章　直線運動と平面運動：運動論 2/2 ···········································15
    3.1　等速直線運動 ·················································15
    3.2　等加速度直線運動 ············································16
    3.3　積分 ·························································17
    3.4　平面運動 ·····················································18
    3.5　放物運動 ·····················································19
    演習問題 ····························································22

## 第4章　運動の法則：力学 1/4 ·······················································25
    4.1　ニュートンの運動論への進展 ···································25
    4.2　慣性の法則 ···················································25
    4.3　運動の法則 ···················································26
    4.4　作用・反作用の法則 ···········································27
    4.5　万有引力の法則 ···············································27
    演習問題 ····························································29

## 第5章 力と運動量：力学 2/4 ··········32
- 5.1 力の定義と質量 ··········32
- 5.2 4つの基本力 ··········33
- 5.3 様々な力 ··········35
- 5.4 運動量と力積 ··········37
- 5.5 運動量保存の法則と衝突 ··········38
- 演習問題 ··········41

## 第6章 仕事とエネルギー：力学 3/4 ··········43
- 6.1 仕事と仕事率 ··········43
- 6.2 運動エネルギーと位置エネルギー ··········44
- 6.3 力学的エネルギー保存の法則 ··········45
- 6.4 仕事と運動エネルギー ··········46
- 6.5 熱と仕事（エネルギー保存の法則） ··········46
- 演習問題 ··········49

## 第7章 円運動と単振動：力学 4/4 ··········51
- 7.1 等速円運動の速度 ··········51
- 7.2 等速円運動の加速度，向心力 ··········52
- 7.3 角運動量保存の法則 ··········54
- 7.4 フックの法則と単振動 ··········55
- 7.5 単振り子 ··········56
- 演習問題 ··········57

## 第8章 剛体と流体：剛体力学と流体力学 ··········59
- 8.1 剛体と質量中心 ··········59
- 8.2 角運動量と力のモーメント ··········60
- 8.3 剛体の力のつり合い ··········63
- 8.4 剛体の回転運動 ··········64
- 8.5 流体と圧力 ··········65
- 演習問題 ··········68

〈Ⅲ．様々なエネルギー編〉

## 第9章 熱力学 ··········69
- 9.1 温度と熱平衡 ··········69
- 9.2 理想気体の状態方程式 ··········71
- 9.3 エネルギー保存の法則 ··········72
- 9.4 エントロピー増大の法則 ··········73
- 9.5 熱機関のサイクル ··········74

演習問題 ………………………………………………………………………………77

## 第10章　振動・波動 …………………………………………………………………78
　10.1　波の基本特性 …………………………………………………………………78
　10.2　波の伝播の原理と反射・屈折の法則 ………………………………………80
　10.3　音と超音波 ……………………………………………………………………82
　10.4　光とレーザー …………………………………………………………………84
　10.5　ドップラー効果 ………………………………………………………………85
　　　演習問題 ………………………………………………………………………87

## 第11章　電磁気 …………………………………………………………………………89
　11.1　静電力と電荷保存の法則 ……………………………………………………89
　11.2　クーロンの法則と電気力線 …………………………………………………90
　11.3　電流と電気回路の法則 ………………………………………………………91
　11.4　磁石と電流の作る磁場 ………………………………………………………94
　11.5　電磁誘導と電磁エネルギー …………………………………………………96
　　　演習問題 ………………………………………………………………………99

## 第12章　原子物理 ……………………………………………………………………101
　12.1　原子の構造 …………………………………………………………………101
　12.2　原子核の構成と原子番号 …………………………………………………101
　12.3　核エネルギー ………………………………………………………………102
　12.4　原子核の崩壊 ………………………………………………………………106
　12.5　放射線 ………………………………………………………………………107
　　　演習問題 ……………………………………………………………………110

〈IV．特別編〉
## 第13章　生物物理と医学物理 ……………………………………………………112
　13.1　生命の起源と進化 …………………………………………………………112
　13.2　生命体の構成と細胞 ………………………………………………………113
　13.3　生体の物理 …………………………………………………………………114
　13.4　医療診断 ……………………………………………………………………116
　13.5　治療 …………………………………………………………………………118
　　　演習問題 ……………………………………………………………………120

## 第14章　素粒子物理と宇宙物理 …………………………………………………122
　14.1　物質，時間，空間の概念の進展 …………………………………………122
　14.2　物質の階層構造と4つの力の統一の発展 ………………………………124
　14.3　宇宙の生成と膨張 …………………………………………………………125

    14.4　暗黒物質と暗黒エネルギー ……………………………………………128
    14.5　宇宙の未来 ……………………………………………………………129
    演習問題 ……………………………………………………………………131

# 付録 ……………………………………………………………………………133

# 演習問題　解答例 ……………………………………………………………138

# 索引 ……………………………………………………………………………143

 物理クイズ

| ①：月面での質量（3択問題）……………………………………7 |
| ②：くぼみのある坂道での競走（3択問題）……………………13 |
| ③：タワーからの落下位置（3択問題）…………………………21 |
| ④：台車の加速（3択問題）………………………………………29 |
| ⑤：ニュートンのゆりかご（4択問題）…………………………40 |
| ⑥：崖からの3方向放物（4択問題）……………………………48 |
| ⑦：振り子の落下時間（3択問題）………………………………56 |
| ⑧：大根の2分割（3択問題）……………………………………67 |
| ⑨：首飾りの回転（3択問題）……………………………………76 |
| ⑩：音の高低と光の色彩の識別（3択問題）……………………87 |
| ⑪：回路と消費電力（3択問題）…………………………………98 |
| ⑫：放射線の水中での速さ（3択問題）…………………………109 |
| ⑬：生涯の心臓の鼓動（3択問題）………………………………119 |
| ⑭：光速ロケット（3択問題）……………………………………130 |

 映画の中の物理

① 中世の4元素説と未来の反物質（映画『天使と悪魔』）……………7
② 列車の暴走エネルギー（映画『アンストッパブル』）……………13
③ 水ロケットの放物運動（映画『真夏の方程式』）……………22
④ 宇宙遊泳の慣性運動（映画『ゼロ・グラビティ』）……………29
⑤ 地球接近小惑星の衝突（映画『アルマゲドン』）……………40
⑥ 火星での高跳び（映画『ジョン・カーター』）……………48
⑦ 振り子運動と加速（SF映画『スパイダーマン』）……………57
⑧ 風船で家を浮かせられるか？（映画『カールじいさんの空飛ぶ家』）…67
⑨ 華氏温度と自然発火温度（映画『華氏451』）……………76
⑩ 太陽の活動期（映画『サンシャイン2057』）……………87
⑪ コンピュータと人間社会（SF映画『マトリックス』）……………98
⑫ 核融合エンジン（映画『バック・トゥ・ザ・フューチャー』と『2001年宇宙の旅』）……………109
⑬ 遺伝子による差別と未来社会（SF映画『ガタカ』）……………120
⑭ 地球外惑星と宇宙資源（映画『アバター』）……………130

 科学史コラム

① 古代ギリシャの自然学……………8
② アリストテレスの運動学……………14
③ ケプラーの天上の力学の法則……………23
④ ガリレオの地上の力学の法則……………30
⑤ ニュートンの力学の統一と現代的発展……………41
⑥ エネルギーの語源……………49
⑦ ニュートンの人工衛星と万有引力の伝播……………58
⑧ アルキメデスの浮力とテコの原理……………68
⑨ 熱素と分子運動のエネルギー……………77
⑩ 光は波か粒子か？……………88
⑪ 電磁気学の歴史……………99
⑫ 原子モデルの歴史的変遷……………110
⑬ 生命の起源とプラズマ物理……………121
⑭ 大数仮説と人間原理……………131

# 第1章 物理の考え方
(物理基礎)

キーワード
1.1 物理
1.2 物理量，物理法則，スカラーとベクトル，国際単位系（SI単位系），基本単位と組立単位
1.3 有効数字，指数・接頭語，正規分布，平均値，分散と標準偏差
1.4 メートル，キログラム，秒，アンペア，ケルビン，モル，カンデラ
1.5 物理量次元

## 1.1 物理とは

**物理**（physics）とは文字通り「物の道理」であり，明治以降に英語 physics の訳語として「物理」が使われるようになった．物理学とは自然界の現象を数少ない基本原理により実証的に説明しようとする学問であり，具体的には，物質，自然，宇宙などの成り立ちとその基本要素，基本原理を追及する学問である．

現在の物理学の領域は非常に幅広い．区分の仕方は，「理論物理学，実験物理学，計算機物理学」や，「古典物理学，現代物理学」，さらには，「純粋物理学，応用物理学」などである．素粒子物理学などの基本構成粒子の探求が主たる学問分野と，物性物理学，プラズマ物理学などの多体系の振る舞いの探求の学問分野とに分ける事もできる．また，数学，化学，工学はもとより，生物学，医学などとの新たな融合もなされてきている．

physics の語源は，古代ギリシャでの人為的な法や制度の「ノモス（νομος, nomos）」に対する，自然の本性を意味する「ピュシス（φύσις, physis）」である．

> 例題 1.1 古典物理学と現代物理学の区分を示せ．
> （答：量子論の不確定性原理を基礎とした 20 世紀以降の物理学が現代物理学であり，それ以前の力学，熱力学，電磁気学などは古典物理学である．量子論と同時期に確立されてきた相対性理論は量子論の不確定性原理を基礎としないので古典物理学に分類する場合が多いが，現代物理学に区分する場合もある．）

## 1.2 物理量と単位系

### 1.2.1 物理量と物理法則

物理学で対象とする量は**物理量**（physical quantity）と呼ばれ，単位を基準として「数値」×「単位」で定義される．例えば，長さを 2 と

記載しただけでは，2 cm なのか 2 m なのかは不明である．長さの基準を決めて（例えば 1 m），それとの比較で数値を定める必要がある．

物理学の概念は，物理量の数学的関係を表す式を明らかにすることである．この数学的関係式を**物理法則**（physical law）と呼ぶ．

### 1.2.2 スカラーとベクトル

**スカラー：**
大きさだけで定まる量
**ベクトル：**
大きさと向きで定まる量

物理量には「大きさだけで定まる量」と「大きさと向きを持っている量」がある．前者を**スカラー**（scalar），後者を**ベクトル**（vector）という．例えば，3 次元空間上での原点からの位置はベクトルで表される物理量（ベクトル量）であるが，長さはスカラー量である．

一般的に，物理量は $A$ のように斜体で書かれるが，ベクトル量は $\boldsymbol{A}$ のように斜体太字で表す．ベクトル量の大きさはスカラー量であり $|\boldsymbol{A}|$，または，$A$ のように表す．例えば，速度はベクトル量であり $\boldsymbol{v}$，速さはスカラー量であり $v$ または $|\boldsymbol{v}|$ である．3 次元座標 $(x, y, z)$ では，速度の成分を $v_x, v_y, v_z$ とすると，

$$\boldsymbol{v} = (v_x, v_y, v_z)$$
$$v = |\boldsymbol{v}| = \sqrt{v_x^2 + v_y^2 + v_z^2}$$

である．一方，m（メートル）などの単位や点 P などの記号は斜体文字とせずに通常の文字（これを立体文字という）を用いる．

### 1.2.3 国際単位系

国際単位系の基本単位は
m, kg, s, A, K, mol, cd

力学で特に重要な組立単位は
$1\,\text{N} = 1\,\text{kg}\cdot\text{m/s}^2$
$1\,\text{Pa} = 1\,\text{N/m}^2$
$1\,\text{J} = 1\,\text{N}\cdot\text{m}$

物理の基本概念は空間，物質，時間であり，**基本単位**（fundamental units）をメートル（m），キログラム（kg），秒（s）とする．これを **MKS 単位系**（MKS system of units）と呼ぶ．これに，電荷の流れ（A：アンペア）を加えた 4 つの単位で **MKSA 単位系**（MKSA system of units）が作られる．MKSA の 4 つに，さらに，温度（K：ケルビン），物質量（mol：モル），光度（cd：カンデラ）の 3 つの単位を加えた 7 つを基本単位とする単位系は**国際単位系**（international system of units）または **SI 単位系**（Le Système International d'Unités）と呼ばれる．

基本単位からは様々な**組立単位**（derived units）（**誘導単位**ともいう）が作られる．力の単位ニュートン（N），エネルギーの単位ジュール（J）などがある（表 1.1）．

### 1.2.4 その他の単位系

実用単位
1 kg 重 ～ 9.8 N

実用的な単位系としては，質量 1 kg の重さとしての 1 kg 重（あるいは 1 kgf，1 kgw とも書く）を用いる**重力単位系**（gravitational metric system, 工学単位系）がある．また，ミクロな原子システムの解析に有用な**原子単位系**（atomic units，ボーア半径や電子の静止質量

表 1.1 国際単位系での組立単位の例

| 組立量 | 単位名称 | 単位記号 | 定義 | SI 基本単位 |
|---|---|---|---|---|
| 力 | ニュートン | N |  | $m \cdot kg \cdot s^{-2}$ |
| 圧力 | パスカル | Pa | $N/m^2$ | $m^{-1} \cdot kg \cdot s^{-2}$ |
| エネルギー | ジュール | J | $N \cdot m$ | $m^2 \cdot kg \cdot s^{-2}$ |
| 仕事率 | ワット | W | $J/s$ | $m^2 \cdot kg \cdot s^{-3}$ |
| 電荷 | クーロン | C |  | $s \cdot A$ |
| 電圧 | ボルト | V | $J/C$ | $m^2 \cdot kg \cdot s^{-3} \cdot A^{-1}$ |
| 電気容量 | ファラッド | F | $C/V$ | $m^{-2} \cdot kg^{-1} \cdot s^4 \cdot A^2$ |
| 電気抵抗 | オーム | Ω | $V/A$ | $m^2 \cdot kg \cdot s^{-3} \cdot A^{-2}$ |
| 磁束 | ウェーバー | Wb | $V \cdot s$ | $m^2 \cdot kg \cdot s^{-2} \cdot A^{-1}$ |
| 磁束密度 | テスラ | T | $Wb/m^2$ | $kg \cdot s^{-2} \cdot A^{-1}$ |

などを基本単位とする）や，物理定数を基本単位とした**自然単位系**（natural units, 光速や万有引力定数などを 1 として長さや時間の基本単位を定めるプランク単位系）などもある．

> **例題 1.2** 国際単位系の基本単位は m, kg, s, A の他は何か．
> （答：温度 K，物質量 mol，光度 cd）

## 1.3 有効数字と標準偏差

### 1.3.1 有効数字と数値表記（指数，接頭語）

前節に述べたように，物理量は「数値」×「単位」であるが，数値表記にも規則がある．**有効数字**（significant figures）の明確化の問題と 0 が多い場合の表記の簡単化が必要である．例えば距離 150,000 メートルの場合，(a) 150,000 m, (b) $1.5 \times 10^5$ m, (c) $1.50 \times 10^5$ m の 3 種類に記述したとする．(a) の場合には有効数字がどこまであるのかが不明瞭である．(b) では，有効数字が 2 桁であり，(c) では 3 桁の有効数字であることがわかり，10 の**べき乗**（exponentiation）で表すことで簡潔な記述となっている．大きな数字は $a \times 10^n$（$n$ は正の整数），小さな数字は $a \times 10^{-n}$ として表す．ここで，$n$ は**指数**（exponent）と呼ばれる．$a$ の大きさを $1 \leq a < 10$ として，有効数字を明記することができる．(c) の記述の場合，(d) $1.50 \times 10^2$ km のように単位に**接頭語**（prefix）として「k（キロ）」を使うこともできる．$10^6$ の場合は M（メガ），$10^9$ は G（ギガ），$10^{-3}$ は m（ミリ），$10^{-6}$ は $\mu$（マイクロ）などである（付録D）．$10^3$ のキロは，MKSA 基本単位の 1 つとして質量の基本単位 kg ですでに使われており，$10^3$ 以下の接頭語は英語の小文字を，$10^3$ よりも大きな数字の接頭語は英語の大文字が用

いられる．

## 1.3.2 標準偏差

物理量の測定には必ず不確定性が生じる．$n$ 回の測定値を $x_1, x_2, x_3, \cdots, x_n$ とすると，**平均値**（mean）は

$$\mu = \frac{x_1 + x_2 + x_3 + \cdots + x_n}{n} \tag{1.1}$$

である．この平均値を用いて**標準偏差**（standard deviation）$\sigma$ を定義する．

$$\sigma = \sqrt{\frac{(x_1-\mu)^2 + (x_2-\mu)^2 + (x_3-\mu)^2 + \cdots + (x_n-\mu)^2}{n}} \tag{1.2}$$

標準偏差の 2 乗 $\sigma^2$ は**分散**（variance）と呼ばれている．

多数回測定すれば，測定値は平均値 $\mu$ を中心として**正規分布**（normal distribution）またはガウス分布（Gaussian distribution）と呼ばれる分布となる（図 1.1）．確率的な分布を表す**確率密度関数**（probability density function）を $f(x)$ とすると，正規分布は

$$f(x) = \frac{1}{\sqrt{2\pi\sigma^2}} \exp\left(-\frac{(x-\mu)^2}{2\sigma^2}\right) \tag{1.3}$$

である．$\mu-\sigma$ と $\mu+\sigma$ の間には測定値の全体の 68.3% が入り，$\mu-2\sigma$ と $\mu+2\sigma$ の間には 95.4% が入る．通常，測定値は平均値 $\mu$ と標準偏差 $\sigma$ を用いて $\mu \pm \sigma$ と表す．

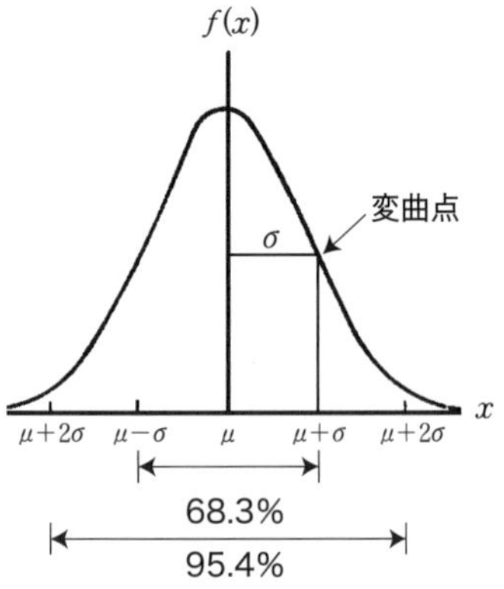

図 1.1 正規分布 平均値 $\mu$ と標準偏差 $\sigma$

> 例題 1.3　$10^{-9}$ を意味する単位の接頭語は何か．　　　（答：n（ナノ））

## 1.4 基本単位の定義

### 1.4.1 メートル

長さの基本単位**メートル**（meter，記号は m）の定義は，当初は「地球の北極から赤道までの距離の千万分の 1」と定められていた（図 1.2）．その後に白金 90%，イリジウム 10% でできたメートル原器を基準とされてきた．現在は「光が真空中で 1 秒間に進む距離の 299,792,458 分の 1 である」と定義されている．逆に，これは真空中の光速が有効数字 9 桁で明確に定義されていることに相当している．

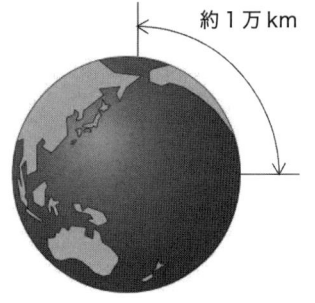

図 1.2 メートルの古典的定義

### 1.4.2 キログラム

質量の基本単位**キログラム**（kilogram，記号は kg）は，水 1 cc（1 cm$^3$）が 1 g であり，「水 1 リットル（1000 cm$^3$）の質量が 1 kg」として当初は定義されていた（図 1.3）．現在は国際キログラム原器が用いられている．これを物理量による定義に変更する案（例えばアボガ

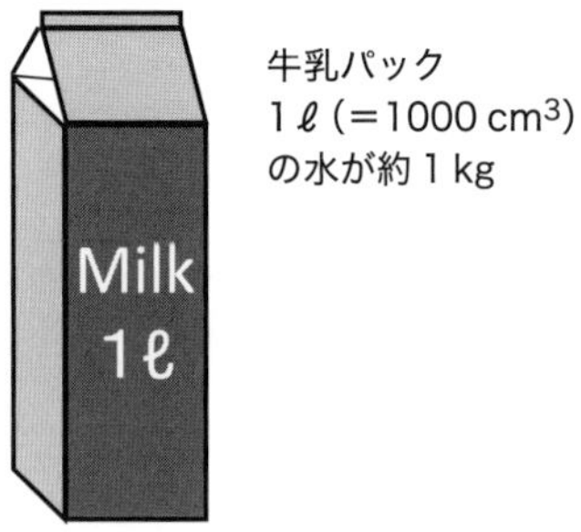

図 1.3 1 キログラムの重さ

ドロ定数を用いてシリコン原子の質量を標準とする案）が検討されている．実用的には $1\ell$（$1000\,m\ell$）の大型ペットボトルの水の重さが約 $1\,kg$ である．

### 1.4.3 秒

時間の基本単位である**秒**（second，記号は s）の定義は，歴史的には 1 日を 24 時間で割り，「60 分の 1 の第一の微小部分（prime minute：分の定義）とさらに 60 分の 1 の第二の微小部分（second minute：秒の定義）」として，平均太陽日の 86,400 分の 1 として定義されていた（図 1.4）．現在の定義は原子時計を基準にしており，「1 秒はセシウム 133 の原子から放射される特定の光の 9,192,631,770 周期である」と定められた．

### 1.4.4 アンペア

電流の基本単位**アンペア**（ampere，記号は A）は「真空中に 1 メートルの間隔で平行に置かれた無限に小さい円形の断面を有する無限に長い 2 本の直線状導体のそれぞれを流れ，これらの導体の 1 メートルにつき千万分の 2 ニュートン（N）の力を及ぼし合う直流の電流」と定義されている（図 1.5）．

### 1.4.5 ケルビン

**ケルビン**（kelvin，記号は K）は熱力学的温度（絶対温度）の単位であり，水の三重点（図 1.6）は 0.01℃，0.006 気圧であるが，「水の三重点の温度の $\frac{1}{273.16}$ を 1 K」と定義している．したがって，273.16 K が 0.01℃ であり，0 K は $-273.15$℃ である．0 K は物質の熱運動がないエネルギーゼロの状態であり，人工的には到達不可能である．

### 1.4.6 モル

**モル**（mole，記号は mol）は物質量の単位であり，「0.012 kg（12 g）の炭素 12 の中に存在する原子の数と等しい要素粒子を含む物質量」である（図 1.7）．モルの名前は molecule（分子）に由来するが，1 モルでの原子数や分子数は普遍定数（アボガドロ定数）で $6.022 \times 10^{23}$ 個である．また，標準状態（0℃，1 気圧）の気体では，1 モルの体積は $22.4\,\ell$（リットル）である．

### 1.4.7 カンデラ

**カンデラ**（candela，記号は cd）は「放射強度 $\frac{1}{683}$ W/sr（ワット毎ステラジアン）で 540 THz（テラヘルツ）の単色光を放射する光源のその放射の方向における光度」であり，ローソク（candle）の 1 本の光

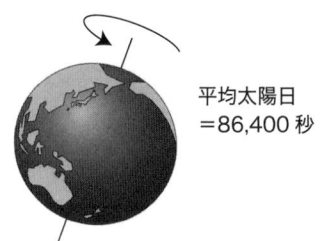

図 1.4 かつての秒の定義

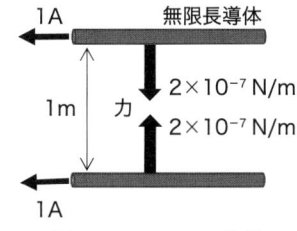

図 1.5 アンペアの定義

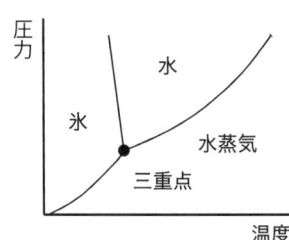

図 1.6 ケルビンの定義に使う水の三重点（固相，液相，気相として同時に存在する点）．

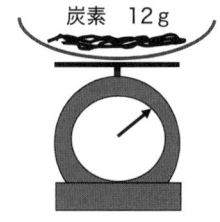

図 1.7 1 モルの物質量
1 モルあたり $6.022 \times 10^{23}$ 個の原子数または分子数．

図 1.8 カンデラの由来
ローソクの 1 本の光度に相当する．

度に由来している（図 1.8）．ここで，sr は立体角の単位であり，Hz（ヘルツ）は 1 秒間に 1 回の周波数・振動数を示し，THz は $10^{12}$ ヘルツの意味である．例えば，自動車の 2 灯式ヘッドランプの明るさは 15,000 cd 以上，というような光度の規制条件にカンデラが用いられる．

> 例題 1.4 地球の半周の距離はおよそ何万 km か．また，地球の半径はおよそ何千何百 km か． （答：2 万 km，半径は 6 千 4 百 km）

## 1.5 物理量の次元

線，面，立体はそれぞれ 1 次元，2 次元，3 次元であり，国際単位系では単位は m, m², m³ である．長さを L として，[L], [L²], [L³] と書くと，単位系に依存しない**次元**（dimension）の概念を記述できる．**長さ**（Length）を [L]，**質量**（Mass）を [M]，**時間**（Time）を [T] と書き，物理量 $A$ の単位が $m^a kg^b s^c$ のときに，物理量 $A$ の次元を $[L^a M^b T^c]$ で表すことができる．[ ] はこれが次元の表式であることを明示している．例えば，速度の単位は $ms^{-1}$ なので，速度の次元は $[LT^{-1}]$ であり，加速度の次元は $[LT^{-2}]$ である．表 1.2 に物理量の次元の例を示した．

次元が同じ場合には物理量の和や差を求めることができるが，異なる次元の物理量の和や差を計算することができない．例えば 2.30 m ＋ 41 cm ＝ 2.30 m ＋ 0.41 m ＝ 2.71 m であるが，2.0 m ＋ 2.5 kg などはまとめることができない．

物理の計算問題では，国際単位系で計算する限りは，数値のみの計算を行い，最後に相当する国際単位系の単位を記入すればよいが，物理的に間違いをしない確実な方法は計算途中においても単位を付けることである．

> 例題 1.5 圧力とは力を面積で割った物理量である．圧力の次元を L, M, T で表せ． （答：$[L^{-1}MT^{-2}]$）

表 1.2 物理量の次元の例

| 物理量 | 次元 | 説明 |
|---|---|---|
| 距離 | [L] | 長さ1次元 |
| 面積 | [L²] | 長さ2次元 |
| 体積 | [L³] | 長さ3次元 |
| 速度 | [LT⁻¹] | 長さ1次元を時間1次元で割る |
| 加速度 | [LT⁻²] | 長さ1次元を時間2次元で割る |
| 力 | [LMT⁻²] | 長さ1次元，質量1次元を時間2次元で割る |
| エネルギー | [L²MT⁻²] | 長さ2次元，質量1次元を時間2次元で割る |

 物理クイズ1：月面での質量（3択問題）

月の重力は地上の重力の約6分の1である．地上で質量6 kg の物体は，月では質量はいくらか．
① 6分の1 (1 kg)
② 同じ (6 kg)
③ どちらとも言えない

 映画の中の物理1：中世の4元素説と未来の反物質
（映画『天使と悪魔』）

古代ギリシャでは，万物の根源として様々な説などが唱えられた（科学史コラム1参照）．その中でも，万物流転説と万物不変説を統合したのがエンペドクレスの愛と憎の4元素説である．これはアリストテレスに支持され，中世まで長く影響を及ぼした．一方，現代では，原子，分子，素粒子が発見され，反粒子などの新しい基本粒子も確認されてきている．物質と反物質との結合（対消滅）により莫大なエネルギーが放出されることもわかっている（14.1節参照）．

米国映画『天使と悪魔』（2009年）では，バチカンでのコンクラーベ（新法王の選挙）を舞台として，中世の4元素説に基づく事件解明が進む．未来の反物質による対消滅爆弾騒動が物語として展開されており，欧州原子核研究機構（CERN）でのロケも行われた．

図 ローマ教会と秘密結社イルミナティ

## 第1章 演習問題

1-1 1アール (a) は 10 m×10 m の面積である．1ヘクタール (ha) は 10 の何乗 m² か．

1-2 世界のエネルギー消費は，石油換算量でおよそ 100 億トンである．実用単位としての石油換算トン toe (ton oil equivalent) と国際単位系でのエネルギーの単位 J との換算式は，1 toe〜42 GJ＝4.2×10$^{10}$ J である．100 億トンは何 J に相当するか．単位系の接頭語 E（エクサ，10$^{18}$）を用いて答えよ．

1-3 力は質量と加速度の積で表される．力の単位ニュートン（N）は kg の 1 乗，m の 1 乗，s の何乗か．

1-4 エネルギーは力に距離を掛けた単位である．長さを［L］，質量を［M］，時間を［T］としてエネルギーの次元を［L$^x$M$^y$T$^z$］の形で表せ．

1-5 窒素ガス 1 モルの質量と体積はいくつか．

 ### 科学史コラム 1：古代ギリシャの自然学

紀元前 600 年頃の古代ギリシャでは，万物のアルケ（根源）を求めて多くの哲学者が思索をめぐらした．タレスは「水」，アナクシマンドロスは「空気」，ヘラクレイトスは「火」，そしてエンペドクレスは「火・水・空気・土」がアルケであるとした．ピタゴラスは「数」をアルケとして，数や図形の理論としての数学の研究を進めた．デモクリトスは，宇宙は原子（アトム）と真空（ケノン）から成り立っているという原子論を唱えた．これらの物質観と生命観をまとめたのが，万学の祖としてのアリストテレス（紀元前 384 年–紀元前 322 年）である．アリストテレスは物質観や運動論の他に，動物学の発展にも大きく寄与した．ただし，アリストテレス学派の運動論などの誤りが近代物理学の発展を遅らせることになってしまったことも事実である．

物理クイズ 1 の答　②
（解説）重量（$W=mg=6$ kg 重〜59 N）は地球での約 6 分の 1 となるが，質量（$m=6$ kg）は不変である．

# 第 2 章　速度と加速度
(運動論 1/2)

キーワード
2.1　運動，質点と剛体，位置，移動距離，変位，スカラーとベクトル
2.2　平均速さ
2.3　速さと速度，瞬間速度，$x$-$t$ 線図（位置─時刻図）
2.4　平均加速度，瞬間加速度，$v$-$t$ 線図（速度─時刻図）
2.5　導関数（微分係数）

## 2.1　運動と距離，変位

### 2.1.1　物体の運動とは

　物質の位置が時間とともに変化する現象を**運動**（motion）と呼ぶ．また，自然界の物質には必ず大きさがあるが，大きさや形状を持つ物質を**物体**（object）という．大きさや形状を無視した理想的な点を**質点**（point mass）という．一方，大きさや形状がある物体でも運動により変形しない理想的な物体を**剛体**（rigid body）という．剛体の運動では，その物体の回転運動も考慮する必要がある（第 8 章参照）．

　物体の運動が変化する原因は様々な力である．力を意識せず運動のみを取り扱う学問が**運動学**（kinematics）であり，力に関する学問が**力学**（mechanics）である．

### 2.1.2　移動距離と位置，変位

　物体の運動では**移動距離**（travel distance）を定義することができる．一方，原点 O を定めて，始点と終点の**位置**（position）の座標をそれぞれ定義することができるが，始点から終点への向きを考慮した**変位**（displacement）（位置の変化の意味）も定義することができる（図 2.1）．距離は大きさだけの量であり，かつ，0 または正の量である．これを**スカラー**（scalar）という．一方，変位は向きと大きさを持った量であり，**ベクトル**（vector）という．1 次元の運動の変位は，正か負かで向きを表すことができるベクトル量（1 次元ベクトル量）である．例えば，50 m プールを泳いで戻ってくると移動距離は 100 m であるが，最初の場所に戻ったので変位は 0 m である．100 m を水泳の世界記録の 47 秒で泳いで戻ってきたとすると，移動距離で平均速さを考えるとは 2.1 m/s となるが，変位を用いると速さは 0 m/s となる．

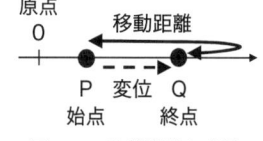

図 2.1　移動距離と変位
距離はスカラー量
変位はベクトル量

例題2.1 移動距離と変位の違いについて述べよ．
(答：移動距離は大きさのみで表されるスカラー量であり，変位は大きさと向きで表されるベクトル量で，位置の変化量である)

## 2.2 平均の速さ

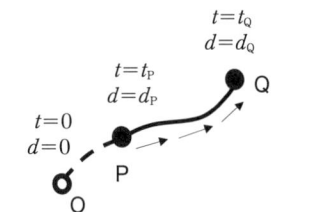

図2.2 地点Pから地点Qへの移動

図2.2のように，質点が地点Pから地点Qまで移動した運動を考えてみよう．点Pと点Qを表すのに原点Oからの**距離**（distance）を各々 $d_P, d_Q$ で表す．また，点Pと点Qでの時刻を各々 $t_P, t_Q$ とすると，移動距離 $\Delta d$ と移動時間 $\Delta t$ はそれぞれ

$$\text{移動距離} \quad \Delta d = d_Q - d_P \tag{2.1a}$$
$$\text{移動時間} \quad \Delta t = t_Q - t_P \tag{2.1b}$$

である．移動距離 $\Delta d$ を移動時間 $\Delta t$ で割った量，すなわち，単位時間あたりの平均の移動距離を**平均の速さ**（average speed）$\bar{v}$ と定義する．

$$\text{平均速さ} = \frac{\text{移動距離}}{\text{移動時間}}, \quad \bar{v} = \frac{\Delta d}{\Delta t} \tag{2.2}$$

平均速さ＝移動距離／移動時間

移動距離を表す単位は，国際単位系ではメートル（記号m）であり，移動時間の単位は秒（記号s）である．したがって，「速さの単位」は「長さの単位」を「時間の単位」で割った単位であり，国際単位系ではメートル毎秒（m/s）である．実用的には，キロメートル毎時（km/h），センチメートル毎分（cm/min）などの様々な単位を使うことができ，互いに換算することができる．

例題2.2 100 m を10 s で走る世界記録に近い速さは，毎時何キロメートル（何km/h）に相当するか．
(答：1 km=1000 m，1 h=3600 s なので 10 m/s=36 km/h)

## 2.3 速度（瞬間速度）

### 2.3.1 速さと速度

距離（ゼロまたは正のスカラー量）と変位（ベクトル量）の違いのように，速さと速度との違いを以下のように定義することができる．
　**速さ**（speed）：大きさがゼロまたは正の量（ゼロまたは正のスカラー量）
　**速度**（velocity）：大きさと向きを持った量（ベクトル量）
である．「速度ベクトルの大きさ（絶対値）」が「速さ」である．

速さ：スカラー
速度：ベクトル

### 2.3.2 瞬間速度

平均速さでは，刻々の速さの変化が表せない．(2.2)式の時間 $\Delta t$ を小さくすることで，その時刻近傍での速さを定義できる．

物体の位置 $x$ が時刻 $t$ に依存するとして（$t$ の関数として）$x(t)$ と記述すると，時刻 $t_1$ での位置は $x(t_1)$，時間 $\Delta t$ だけ経過した時刻 $t_1+\Delta t$ での位置は $x(t_1+\Delta t)$ であり，変位 $\Delta x$ は $x(t_1+\Delta t)-x(t_1)$ である．時刻 $t_1$ から $t_1+\Delta t$ までの時間 $\Delta t$ での平均速度 $\bar{v}$ は

$$\bar{v}=\frac{\Delta x}{\Delta t}=\frac{x(t_1+\Delta t)-x(t_1)}{\Delta t} \tag{2.3}$$

である．変位 $\Delta x$ は1次元ベクトルであり，平均速度 $\bar{v}$ もベクトル量である．ここで $\Delta t \to 0$ として，時刻 $t_1$ での速度，あるいは，**瞬間速度**（instantaneous velocity）$v(t_1)$ を定義することができる．

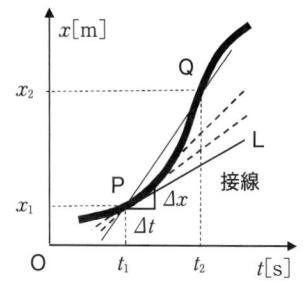

図2.3　$x-t$ 図での時刻 $t_1$ と $t_2$ との間の平均速度（直線 PQ の傾き）と，時刻 $t_1$ での瞬間速度（接線 L の傾き）

$$v(t_1)=\lim_{\Delta t \to 0}\frac{\Delta x}{\Delta t}=\lim_{\Delta t \to 0}\frac{x(t_1+\Delta t)-x(t_1)}{\Delta t} \tag{2.4}$$

横軸に時刻 $t$，縦軸に位置 $x$ をとり，物体の $x$ 軸方向の運動を示す **$x-t$ 図**（位置—時刻図，position-time diagram）を図2.3に示した．点 P から点 Q への平均速度は直線 PQ の傾きである．時刻 $t_2$ を限りなく $t_1$ に近付けていくと直線 PQ は1つの直線 L に近付いていく．これは，時刻 $t=t_1$ での曲線 $x(t)$ の接線であり，その傾きが時刻 $t_1$ での瞬間速度である．通常，速度というときには，瞬間の速度を指す．

2.5節で記載するように，この速度 $v(t)$ は数学的には位置 $x(t)$ の $t$ に関する1次導関数（微分関数）である．

> **例題2.3**　図2.3で表される運動で，点 P での速度の大きさと点 Q の速度の大きさではどちらが大きいか．　　　　　　　　　　（答：点 Q）

## 2.4　加速度

### 2.4.1　平均加速度

物体の「単位時間あたりの位置の変化」が速度であるが，同様に，物体「単位時間あたりの速度の変化」を**加速度**（acceleration）という．時刻 $t_1$ から時刻 $t_2$ の所要時間 $\Delta t$ の間に，速度が $\boldsymbol{v}_1$ から $\boldsymbol{v}_2$ に変化したとき，速度の変化量 $\Delta \boldsymbol{v}$ は $\boldsymbol{v}_2-\boldsymbol{v}_1$ なので，**平均加速度**（average acceleration）$\bar{\boldsymbol{a}}$ は

$$\bar{\boldsymbol{a}}=\frac{\Delta \boldsymbol{v}}{\Delta t}=\frac{\boldsymbol{v}_2-\boldsymbol{v}_1}{t_2-t_1} \tag{2.5}$$

である．平均加速度 $\bar{\boldsymbol{a}}$ は向きと大きさを持つ量（ベクトル量）であり，平均加速度の大きさはベクトルの絶対値 $|\bar{\boldsymbol{a}}|$ である．

速度を表す単位は，国際単位系では m/s であったので，加速度の単位は速度をさらに時間で割った量なので m/s$^2$（メートル毎平方秒，あるいは，メートル毎秒毎秒）である．

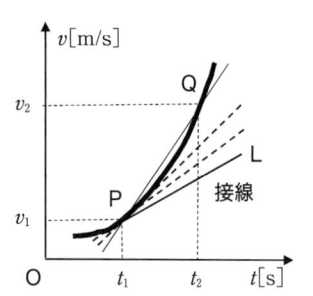

図 2.4　$v$–$t$ 図での時刻 $t_1$ と $t_2$ との間の平均加速度（直線 PQ の傾き）と，時刻 $t_1$ での瞬間加速度（点 P での接線 L の傾き）

### 2.4.2 瞬間加速度

速度と同様に，加速度も刻々変化する場合があるので，平均値ではなく瞬間値を定義する必要がある．***v–t 図***（速度—時刻図，velocity-time diagram）（図 2.4）では点 P での接線 L が時刻 $t_1$ の**瞬間加速度**（instantaneous acceleration）である．したがって，任意の時刻 $t$ における瞬間加速度 $a(t)$ を定義することができる．速度と同様，加速度というときには，瞬間の加速度を指す．

> 例題 2.4　直線運動で，ある時刻に速度が 5.0 m/s であった．2.0 秒後に速度が負となり $-3.0$ m/s となった．平均の加速度の大きさはいくらか．
> 
> （答：4.0 m/s²）

## 2.5　導関数（微分係数）

平均速度で時間 $\Delta t$ を小さく考えると，その時刻近傍での正確な速度に近づくので，$\Delta t \to 0$ の極限を考え，瞬間速度（単に速度とも呼ぶ）を定義できると説明した．また，これは $x$–$t$ 図（図 2.3）で曲線の接線を考えることであった．これは関数 $x(t)$ の**導関数**（derivative）あるいは**微分係数**（differential coefficient）と呼ばれ $\dfrac{dx}{dt}$（「ディーエックスディーティ」と読む）と書く．定義は

$$v(t) = \lim_{\Delta t \to 0} \frac{\Delta x}{\Delta t} \equiv \frac{dx}{dt} \tag{2.6}$$

すなわち

$$\frac{dx}{dt} = \lim_{\Delta t \to 0} \frac{x(t+\Delta t) - x(t)}{\Delta t} \tag{2.7}$$

である．

$t$ の関数として $x(t)$ が与えられれば，図を描いて接線の傾きを求める幾何解析ではなくて，微分計算の代数解析により速度 $v(t)$ を求めることができる．例えば，$A$ を定数として $x(t)$ が $At, At^2, At^3$ のとき，その導関数 $\dfrac{dx}{dt}$ はそれぞれ $A, 2At, 3At^2$ である．

微分
$x = At^n$ のとき，$\dfrac{dx}{dt} = nAt^{n-1}$

> 例題 2.5　質点の位置座標が $x(t) = \dfrac{1}{2}at^2 + bt + c$ （$a, b, c$ は定数）のとき，速度，加速度はどれだけか．
> 
> （答：速度 $\dfrac{dx}{dt} = at + b$，加速度 $\dfrac{d^2x}{dt^2} = a$）

 **物理クイズ2：くぼみのある坂道での競走（3択問題）**

右図のように同じ高さ $H$ からボールを同時に転がした．経路Bでは中間にくぼみを付けた．ボールはどちらが先に到着するか？
① Aが先
② Bが先
③ A, B 同時

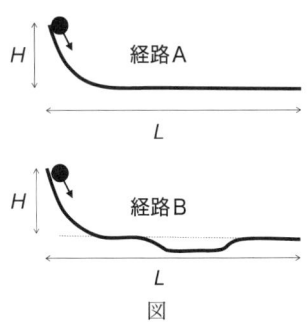

図

 **映画の中の物理2：列車の暴走エネルギー**
（映画『アンストッパブル』）

数十輌もの車輌が連結された巨大列車が制御不能となり暴走すると非常に危険である．2001年5月，実際にそれが米国オハイオ州で起こった．48輌で3000トンの巨大な貨物列車の暴走である．しかも2万リットルの毒性フェノールを積んで，最高時速70マイル（時速110 km）で約2時間の無人での暴走であった．質量 $M=3000$ t $=3\times10^6$ kg で速さが $V=110$ km/h $\sim 30$ m/s の場合，そのエネルギーは $\frac{1}{2}MV^2 \sim 1.5\times10^{10}$ [J] であり150億ジュールとなる．（運動エネルギーの定義や単位は6章参照）．これは雷（15億ジュールのエネルギー）のおよそ10個分の膨大なエネルギーの規模である．

この事実を映画化したのが米国映画『アンストッパブル』(2011年)である．デンゼル・ワシントンの主演で，暴走貨物全長800 m，時速160 km，予想被害者数10万人，タイムリミット100分としての物語の展開がなされている．

図　暴走列車の脅威の実話

 **第2章　演習問題**

2-1 リニア中央新幹線は東京—名古屋間の 286 km を 40 分で走る計画である．平均速度は毎時何キロメートルか．（参考：最高設計速度は 505 km/h である）

2-2 太陽からの光は 8 分 20 秒で地球に到達する．光の速度を 30 万 km/s として，太陽と地球の間の距離を求めよ．

2-3 右の $x$–$t$ 図で表される地点 A から地点 E への運動において，速度（瞬間速度）がゼロの地点はどこか．また，速度の大きさの一番大きな地点はどこか．

2-4 $At^2$ （$A$ は定数）の $t$ に関する微分が $2At$ であることを微分の定義

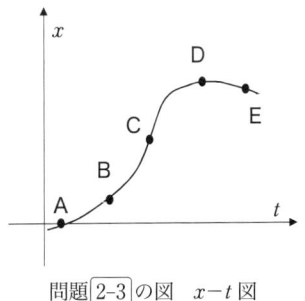

問題 2-3 の図　$x$–$t$ 図

から証明せよ．

2-5 静止した自動車を加速して 5.0 秒後に 100 m を通過した．そのときの速度は 50 m/s であった．平均速度と平均加速度を求めよ．

 科学史コラム 2：アリストテレスの運動学

　中世では，物質は「地水火風」の 4 つから構成されており，地上界の運動としては，「土」「水」は下方へ，「火」「空気」は上方への直線運動により支配されていると考えられていた．一方，天上界は第 5 の物質「エーテル」で満たされていて，地界の上下運動とは異なり，天体は永遠不滅の神聖な円運動をしているとされた（左図参照）．これは古代ギリシャのアリストテレスの物質観と運動論とに基づいており，中世神学の理念とも合致した考え方であった．アリストテレスは「万学の祖」と呼ばれるように，多様な学問的成果を上げてきたが，学問の進展が妨げられた面もあった．例えば矢が飛び続けるのは矢の後ろから回り込んだ空気が押し続けるためであり，押し続ける力がなくなると矢はまっすぐ下に落ちると考えた．速度が維持されるのは力が加わっているからと考えられていた．その考えの不合理さは，慣性の法則，落体の法則，そして，地動説を提唱したガリレオ・ガリレイ（1564–1642 年，イタリア）により明確化されたのである．

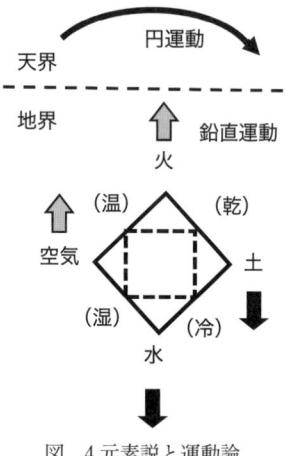

図　4 元素説と運動論

物理クイズ 2 の答　②
（解説）経路 B では，溝の坂で加速され溝の底辺部分で高速となり，溝の上り坂で減速されて経路 A と同じ速度となるので，経路 A よりも早く到着する．

# 第 3 章　直線運動と平面運動
（運動論 2/2）

キーワード
3.1　等速直線運動
3.2　等加速度直線運動
3.3　積分，原始関数
3.4　平面運動，位置ベクトル，変位ベクトル
3.5　放物運動，自由落下，斜方投射，最高高度，水平飛距離

## 3.1　等速直線運動

一直線上を一定の速さで進むとき，これを**等速直線運動**（constant-velocity straight-line motion）という．摩擦がほとんどない水平面上を滑る物体の運動はおよそ等速直線運動である．運動の方向に $x$ 軸をとり，一定の速さ $v_0$ で進む物体の時刻 0 のときの位置を $x_0$，時刻 $t$ のときの位置を $x(t)$ とする（図 3.1）．時刻 0 から $t$ までの距離は $|x(t)-x_0|$，変位は $x(t)-x_0$ であり，変位＝速度×移動時間の関係式より $x(t)-x_0=v_0 t$ となり

$$x(t)=v_0 t + x_0 \tag{3.1}$$

である．

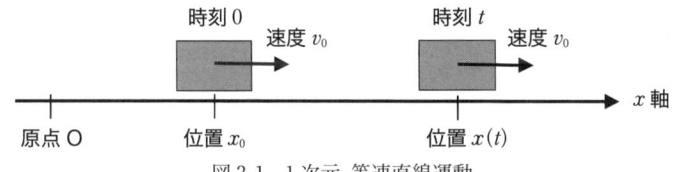

図 3.1　1 次元　等速直線運動

この運動の $x$–$t$ 図（位置―時刻図）と $v$–$t$ 図（速度―時刻図）を図 3.2 に示した．$x$–$t$ 図で直線 $x=v_0 t + x_0$ の傾きが速度 $v_0$ のである．速度が一定なので，$v$–$t$ 図では速度の直線は水平である．時刻 0 から $t$ までの変位は $x-x_0$ であり，一方，$v$–$t$ 図の線の下方の面積が $v_0 t$ であり変位 $x-x_0$ と等しくなる．

等速直線運動に限らず，一般に $x$–$t$ 図の時刻 $t$ での接線が時刻 $t$ での速度であり，$v$–$t$ 図での時刻 $t_1$ から $t_2$ までの面積（正負を考慮した総面積）が時刻 $t_1$ から $t_2$ までの変位である．

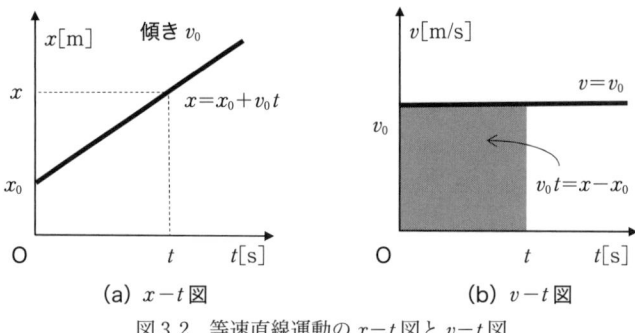

(a) $x-t$ 図　　(b) $v-t$ 図

図 3.2　等速直線運動の $x-t$ 図と $v-t$ 図

例題 3.1　時速 36 km の等速で走っている列車が特定の地点を通りすぎた．列車の長さを 30 m として，通過時間は何秒か．

(答：速さは 10 m/s なので，3 秒)

## 3.2　等加速度直線運動

$x$ 軸上を一定の加速度 $a$ で直線運動している物体の運動は，**等加速度直線運動**（constant-acceleration straight-line motion）という．時刻 0 のときの物体の速度を $v_0$，時刻 $t$ のときの速度を $v(t)$ とする（図 3.3）と，

$$a = \frac{v(t) - v_0}{t} = 一定 \tag{3.2}$$

$$v(t) = v_0 + at \tag{3.3}$$

である．この $x-t$ 図と $v-t$ 図を図 3.3 に示した．$v-t$ 図で直線 $v(t) = v_0 + at$ の傾きが加速度 $a$ である．時刻 0 では速度は $v_0$，時刻 $t$ では速度は $v_0 + at$ なので $x-t$ 図では曲線の傾きが時刻 0 と時刻 $t$ では各々 $v_0, v_0 + at$ となるので，曲線は $t$ に関して 2 次の曲線（放物線）となる．

$$x(t) = x_0 + v_0 t + \frac{1}{2} a t^2 \tag{3.4}$$

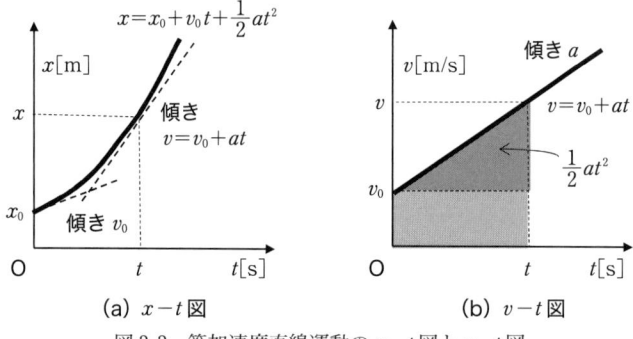

(a) $x-t$ 図　　(b) $v-t$ 図

図 3.3　等加速度直線運動の $x-t$ 図と $v-t$ 図

ある時刻での速度 $v_1$ が与えられている場合には，微小時間 $\Delta t$ の間の変位は $v_1 \Delta t$ である（図 3.4 (a)）．これを時刻 0 から $t$ まで足し合わせれば時刻 0 から $t$ までに物体が移動した場合の変位 $x-x_0$ が求まる．$\Delta t$ の刻みを小さくしていけば，最終的に速度の直線と $x$ 軸に挟まれた面積となり，台形公式から変位 $x-x_0$ が求まる（図 3.4 (b)）．これは（3.4）式に相当する．

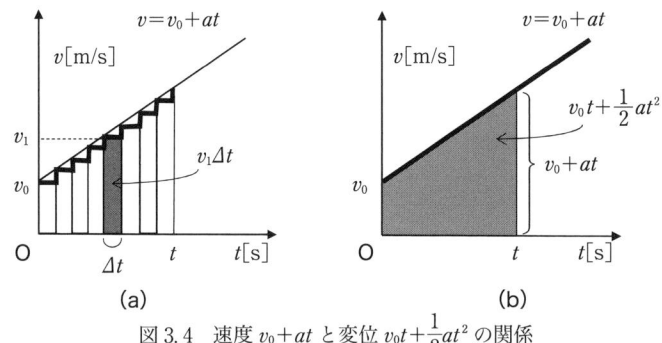

図 3.4　速度 $v_0+at$ と変位 $v_0 t+\dfrac{1}{2}at^2$ の関係

> 例題 3.2　直線運動している物体の速度が，5秒間で 5 m/s から 2 m/s に変化した．平均の加速度はいくらか．　　（答：$\dfrac{2-5}{5}=-0.6\,\mathrm{m/s^2}$）

## 3.3　積分

等加速度運動の変位，速度，加速度をまとめると

$$x(t)=x_0+v_0 t+\frac{1}{2}at^2 \tag{3.5a}$$

$$v(t)=v_0+at \tag{3.5b}$$

$$a(t)=a\ （一定） \tag{3.5c}$$

である．変位 $x$ から速度 $v$，速度 $v$ から加速度 $a$ を求めるには，微分計算を行えばよい．一方，加速度 $a$ から速度 $v$，速度 $v$ から変位 $x$ を求めるには，微分の逆解析を用いる．微分するとその関数に一致する新しい関数を**原始関数**（primitive function）と呼び，これの解析を**積分**（integral）という．関数 $f(t)$ を $t_1$ から $t_2$ まで積分する関数（**定積分**（definite integral））を以下のように定義する．

$$\int_{t_1}^{t_2} f(t)\,\mathrm{d}t = \lim_{n\to\infty}\sum_{k=0}^{n} f(t_k)\Delta t \tag{3.6}$$

ここで，

$$t_k = t_1 + k\Delta t$$

$$\Delta t = \frac{t_2-t_1}{n}$$

である．

$f = at^n$ のとき,
不定積分は
$$\int f(t)dt = a\frac{t^{n+1}}{n+1} + C$$
（$C$ は積分定数）
定積分は
$$\int_u^v f(t)dt = a\left(\frac{v^{n+1}}{n+1} - \frac{u^{n+1}}{n+1}\right)$$

変位から速度，速度から加速度を求めるには，$x$–$t$ 図，$v$–$t$ 図のある時刻での曲線の傾き，または，微分関数を求めればよかった（2.5 節）．逆に，加速度から速度，速度から変位を求めるには，基準時刻からある時刻までの曲線と $x$ 軸との間の面積（$x$ 軸の下の面積は負と考えた面積の総和），または，定積分関数を求めればよい．

積分の例として，$a$ を定数として $f(t)$ が $a, at, at^2$ のとき，その積分（不定積分）$\int f(x)dx$ はそれぞれ $at + C, \frac{at^2}{2} + C, \frac{at^3}{3} + C$（$C$ は積分定数）である．

> **例題 3.3** 速度 $v = \frac{dx}{dt} = at + v_0$ で与えられているとき，位置 $x$ を求めよ．ただし，$t = 0$ で位置は $x_0$ とする．
> （答：$x(t) = \int v dt = \int \frac{dx}{dt} dt = \int (at + v_0)dt = \frac{1}{2}at^2 + v_0 t + C$（$C$ は積分定数），$t = 0$ で $x = x_0$ なので，$C = x_0$ となり，$x = \frac{1}{2}at^2 + v_0 t + x_0$）

## 3.4 平面運動

### 3.4.1 位置ベクトルと速度ベクトル

2 次元空間での運動を記述するのには，2 次元座標での物体の位置の定義が必要である．基準点（原点 O）を始点として点 P $(x, y)$ を終点とするベクトル $\boldsymbol{r} = (x, y)$ を定義する．これを**位置ベクトル**（position vector）という．点 Q $(x', y')$ の位置ベクトルを $\boldsymbol{r}' = (x', y')$ とすると，点 P から点 Q までの変位は $(x' - x, y' - y)$ であり，ベクトル表示では $\Delta \boldsymbol{r} = \boldsymbol{r}' - \boldsymbol{r}$ である．これを**変位ベクトル**（displacement vector）という．時刻 $t$ に点 P，時刻 $t' (= t + \Delta t)$ に点 Q に移動したとすると，平均速度ベクトルは

$$\overline{\boldsymbol{v}} = \frac{\Delta \boldsymbol{r}}{\Delta t} = \frac{\boldsymbol{r}' - \boldsymbol{r}}{t' - t} = \left(\frac{x' - x}{t' - t}, \frac{y' - y}{t' - t}\right) \tag{3.7}$$

である．速度ベクトルは $\Delta t \to 0$ として

$$\boldsymbol{v}(t) = \frac{d\boldsymbol{r}}{dt} = \left(\frac{dx}{dt}, \frac{dy}{dt}\right) \tag{3.8}$$

である．

### 3.4.2 等速運動

直線（1 次元 $x$ 座標）では外力がない場合の運動は初期位置を $x_0$，初速度を $v_0$ とすると $x(t) = x_0 + v_0 t, v(x) = v_0$ の等速運動であった．3 次元空間 $(x, y, z)$ においても，外力がない場合には等速運動である．初速度を $\boldsymbol{v}_0 = (v_{0x}, v_{0y}, v_{0z})$ として，初期位置を $\boldsymbol{r}_0 = (x_0, y_0, z_0)$ とすると

$$\boldsymbol{r} = (x_0 + v_{0x} t, y_0 + v_{0y} t, z_0 + v_{0z} t)$$

である．ベクトル表示では

$$v(t) = \frac{d\bm{r}}{dt} \equiv \bm{v}_0 \quad (\text{一定}) \tag{3.9a}$$

$$\bm{r}(t) = \bm{r}_0 + \int_0^t \bm{v}(t)dt = \bm{r}_0 + \bm{v}_0 t \tag{3.9b}$$

である．3次元座標のベクトルで書かれても，これは等速の直線運動を示している．

### 3.4.3 平面等加速度運動

加速度ベクトル $\bm{a}$ が時間的に一定な場合の運動（等加速度運動）をベクトルで以下のようにまとめることができる．

$$\bm{a}(t) \equiv \frac{d\bm{v}}{dt} \equiv \bm{a} \quad (\text{一定}) \tag{3.10a}$$

$$\bm{v}(t) \equiv \frac{d\bm{r}}{dt} = \bm{v}_0 + \int_0^t \bm{a}(t)dt = \bm{v}_0 + \bm{a}t \tag{3.10b}$$

$$\bm{r}(t) = \bm{r}_0 + \int_0^t \bm{v}(t)dt = \bm{r}_0 + \bm{v}_0 t + \frac{1}{2}\bm{a}t^2 \tag{3.10c}$$

ここで，初期位置ベクトルを $\bm{r}_0 = (x_0, y_0, z_0)$，初期速度ベクトルを $\bm{v}_0$ とした．ベクトルを成分で書くと

$$\bm{a} = (a_x, a_y, a_z) \tag{3.11a}$$

$$\bm{v} = (v_{0x} + a_x t, v_{0y} + a_y t, v_{0z} + a_z t) \tag{3.11b}$$

$$\bm{r} = \left(x_0 + v_{0x}t + \frac{1}{2}a_x t^2, y_0 + v_{0y}t + \frac{1}{2}a_y t^2, z_0 + v_{0z}t + \frac{1}{2}a_z t^2\right) \tag{3.11c}$$

となる．

> **例題 3.4** 初期位置ベクトル $\bm{x}_0$，初期速度ベクトル $\bm{v}_0$，加速度ベクトル $\bm{a}$（一定）の等加速度運動する物体の位置ベクトル $\bm{x}(t)$ を表せ．
> （答：$\bm{x}(t) = \bm{x}_0 + \bm{v}_0 t + \frac{1}{2}\bm{a}t^2$）

## 3.5 放物運動

### 3.5.1 自由落下運動

地上の物体には必ず鉛直下方への重力が働いている．これは等加速度運動であり，その重力加速度ベクトルを $\bm{g} = (0, 0, -g)$ で表す．ベクトル $\bm{g}$ の大きさ $g = |\bm{g}|$ は

$$g \sim 9.8 \text{ m/s}^2$$

である．この $g$ の値は正確には重力加速度は緯度や高度によっても多少異なるが，世界標準加速度として 9.80665 m/s² が定められている（4.5.2項）．

3次元直交座標 $(x, y, z)$ において鉛直上方を $z$ 軸の正の方向とすると，高さ $z=h$ のところから初速度ゼロで静かに落下させた場合の，加速度ベクトル，速度ベクトル，位置ベクトルはそれぞれ

$$\boldsymbol{a} = (0, 0, -g) \tag{3.12a}$$

$$\boldsymbol{v} = (0, 0, -gt) \tag{3.12b}$$

$$\boldsymbol{r} = \left(0, 0, -\frac{1}{2}gt^2 + h\right) \tag{3.12c}$$

となる．落下距離は時間の2乗とともに増加することがわかる．1秒後に4.9 m，2秒後には19.6 m，3秒後には44.1 mの落下距離となる．例えば，深い古井戸に石を投げ入れた場合を考えると，2秒ほどで落下の音が聞こえる場合には，古井戸の深さが約20 mと考えることができる．

### 3.5.2 斜方投射運動

ボールを原点 O $(0,0,0)$ から $x$-$z$ 平面の斜め上方に投げ上げる**放物運動**（parabolic motion）を考える．3次元の運動を成分に分けて各々評価することができる．加速度は $z$ 軸下方に働くが，$x$ 方向，$y$ 方向にはゼロであり，自由落下の (3.12a) 式と同じである．初速度 $v_0 = (v_{0x}, 0, v_{0z})$ とする．$z$ 方向には初速度 $v_{0z}$ の等加速度運動であるが，$x$ 方向には初速度 $v_{0x}$ の等速運動となる．$y$ 方向は加速度も初速度もゼロなので，常に $y=0$ で静止状態である．以上より，

$$\boldsymbol{a} = (0, 0, -g) \tag{3.13a}$$

$$\boldsymbol{v} = (v_{0x}, 0, v_{0z} - gt) \tag{3.13b}$$

$$\boldsymbol{r} = \left(v_{0x}t, 0, v_{0z}t - \frac{1}{2}gt^2\right) \tag{3.13c}$$

ここで，初速度の大きさ $|\boldsymbol{v}|$ は

$$|\boldsymbol{v}| = \sqrt{v_{0x}^2 + v_{0z}^2} \tag{3.14}$$

である．投げ上げの角度（仰角）を $\theta$ とすると，三角関数を用いて

$$v_{0x} = v_0 \cos\theta$$

$$v_{0z} = v_0 \sin\theta$$

である．

物体が頂点に達したときには $v_z = 0$ なので，$v_{0z} - gt = 0$ となり，

$$t_H = \frac{v_{0z}}{g} = \frac{v_0 \sin\theta}{g} \tag{3.15}$$

が頂点に達するまでの時間である．そのときの高さ $H$ は $z = v_{0z}t - \frac{1}{2}gt^2$ に $t = \frac{v_{0z}}{g}$ を代入して

$$H = \frac{v_{0z}^2}{2g} = \frac{v_0^2 \sin^2\theta}{2g} \tag{3.16}$$

である．

$x$–$z$ 平面では，$x=v_{0x}t, z=v_{0z}t-\frac{1}{2}gt^2$ なので時間 $t$ を消去すると $z=\frac{v_{0z}}{v_{0x}}x-\frac{g}{2v_{0x}^2}x^2$ となり，$z$ は $x$ の 2 次関数なので曲線は放物線となる（図 3.5）．

水平方向の飛距離 $R$ は $z=v_{0z}t-\frac{1}{2}gt^2=0$ より $t=2\frac{v_{0z}}{g}$ なので，これを $x=v_{0x}t$ に代入して

$$R=\frac{2v_{0x}v_{0z}}{g}=\frac{2v_0^2\sin\theta\cos\theta}{g}=\frac{v_0^2\sin 2\theta}{g} \tag{3.17}$$

となる．ここで，三角関数の倍角の公式 $\sin 2\theta=2\sin\theta\cos\theta$ を用いた（付録 F）．初速度の大きさが一定である場合には，最大飛距離を得るには $\theta=\frac{\pi}{4}(=45°)$ で投げればよく，飛距離は

$$R=\frac{v_0^2}{g} \tag{3.18}$$

となる．

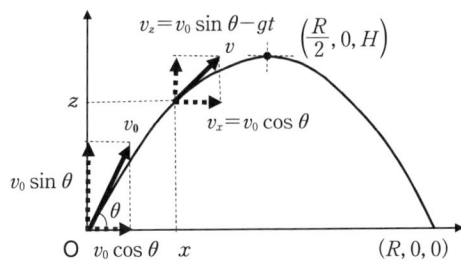

図 3.5　斜方投射運動の速度ベクトルと軌道

例題 3.5　プロ野球の投手が速さ $144\,\mathrm{km/h}(=40\,\mathrm{m/s})$，仰角 $45°$ でボールを投げ上げた．このときの水平飛距離を求めよ．
（答：$R=\frac{v_0^2}{g}=\frac{40^2}{9.8}=163\,\mathrm{m}$）

 物理クイズ 3：タワーからの落下位置（3 択問題）

東京スカイツリー（高さは「武蔵(むさし)」の国にちなんで 634 m）が赤道上にあったとする．このタワーの上からボールを静かに落とすと，地上のどの地点に落ちるか．ただし，空気抵抗や風の影響はないとする．

① タワーより 数十 cm 東側の地点
② タワーの真下
③ タワーより 数十 cm 西側の地点

図　高さ 634 m の東京スカイツリー

映画の中の物理3：水ロケットの放物運動
（映画『真夏の方程式』）

ペットボトルを用いた水ロケットは力学の運動の格好の学習題材である．ペットボトルに空気を圧縮充填して飛ばすが，空気だけではロケットはほとんど飛ばず，水を入れることで勢いよく飛ばすことができる．水を入れすぎても重くなって遠くまで飛ばない．空気の圧力で水を噴射させ，作用反作用の法則（運動量保存の法則）でロケットが運動量を得て飛行する．推進剤としての水の重さを含めた加速の正確な解析はやや難しいが，水がなくなると通常の物体の運動のように放物運動（空気抵抗を多少考慮する必要がある）で記述される．

東野圭吾原作のガリレオシリーズ映画『真夏の方程式』(2013年)で福山雅治さんが演じる湯川准教授が子供の夏休みの自由研究を手伝って水ロケットを飛ばすシーンが出てくる．スクリーン上には初速度，角度，飛距離の (3.17) 式もさりげなく現れてくる．科学技術開発と環境保護の問題，一酸化中毒の許容濃度（50 ppm = 0.0050%）と致死の濃度（1500 ppm × 1 時間）や水の入った紙の容器の不燃性など，映画の中にも物理はたくさん転がっている．

図　子供の水ロケットの自由研究

## ●●● 第3章　演習問題 ●●●

3-1　はじめ停止していた車が，等加速度直線運動をして，時間 $t$ の間に距離 $d$ だけ走って最高速度に達した．加速度と最高速度の大きさを求めよ．

3-2　$x$ 座標が時間 $t$ の関数として $x = At + Bt^3$（$A, B$ は定数）で表されている場合の速度 $v$，および，加速度 $a$ を書け．

3-3　初速度 $v_0$ で鉛直に投げ上げられた物体の，最高点までの時間 $t$ とその高さ $H$ を求めよ．重力加速度を $g$ として，空気抵抗は無視できるものとする．

3-4　原点 $(x=0, y=0)$ から，初速度の大きさ $v_0$，水平面からの角度 $\theta$ で斜めに投げ上げられた質量 $m$ の物体がある．重力加速度を $g$ として答えよ．
　(1)　時刻 $t$ での水平方向（$x$ 方向）の速度 $v_x$ と鉛直方向（$y$ 方向）の速度 $v_y$ を求めよ．
　(2)　位置座標 $x$ と $y$ を時間 $t$ の式で表せ．
　(3)　$y=0$ となる時間 $t_R$ を求め，飛距離 $R = \dfrac{v_0^2 \sin 2\theta}{g}$ を導き出せ．

3-5　初期位置 $x_0$ から初期速度 $v_0$ で走行している車が一様に減速して位置 $x_0 + d$ で止まった．

(1) 減速の加速度を $-a$ として，速度が $v_0$ からゼロまでの走行時間 $t$ はどれだけか．
(2) そのときの走行距離 $d$ を $v_0, a, t$ を用いて表せ．
(3) 上記の（1）の $t$ を（2）式に代入して，$a$ を $v_0, d$ で表せ．

### 科学史コラム 3：ケプラーの天上の力学の法則

天体の運動を導円と周転円の組み合わせで惑星の不規則な動きを表現できることを示したのは古代ギリシャの**アポロニウス**（紀元前262年頃-紀元前190年頃）である．その後，偉大な天文学者**ヒッパルコス**（紀元前190年頃-紀元前120年頃）は天体観測の結果を基に，太陽の離心円モデルを考案した．アリストテレスとヒッパルコスの考えを踏襲して，2世紀の古代ローマの**プトレマイオス**（85-165年）により地球中心宇宙の天動説が体系化された．しかし，**コペルニクス**（1473-1543年，ポーランド）はこの限定された物質観・運動観に疑問を感じ，太陽中心体系としての地動説を提唱した．彼の著書『天球の回転について』は彼の臨終の年1543年に刊行された．

天文学者ティコ・ブラーエ（1546-1601年，デンマーク）は数多くの天文観測結果を地球不動モデルの膨大なデータとして残したが，このデータは助手の**ケプラー**（1571-1630年，ドイツ）に引き継がれ，惑星の楕円運動についての法則が発見されることになった．ケプラーの天上の力学は，以下の3法則にまとめられた．

（ⅰ）第1法則（楕円軌道の法則）：惑星の運動は，太陽を1つの焦点とした楕円運動である．
（ⅱ）第2法則（面積速度一定の法則）：面積速度（扇形の面積の時間変化率）が一定である．
（ⅲ）第3法則（調和の法則）：公転周期の2乗は，楕円軌道の長径の半分の3乗に比例する．

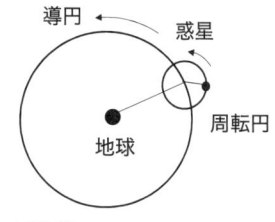

図 天動説
惑星の運動は大きな「導円」と小さな「周転円」の組み合わせで表された．

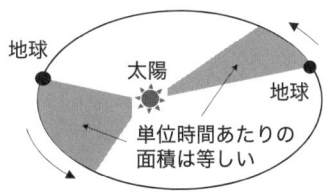

図 ケプラーの面積速度一定の法則

物理クイズ3の答 ①
（解説）「地球が動いているので，ボールは取り残されて西に落ちる」（アリストテレス学派説）．「タワーも運動していたのだから，一緒に動いて真下に落ちる」（ガリレオ説）．

水平な地面ではガリレオ説で問題ないが，正確にはどちらも誤り．地球は球なので，外側にあるタワーの先端は地表よりわずかに速く運動している（7章参照）ので，ボールは東に落ちる（図参照）．

|無限平面の場合|球面の場合|
|---|---|

地球の周長は約 4 千万 m．自転速度は $V_0=\dfrac{4\times10^7}{24}$ m/h＝1700 km/h ＝470 m/s である．円運動の速さは半径に比例する．したがって，地球の半径は 64,000 km なのでタワー先端と地表との速度差の比は $\dfrac{\Delta V}{V_0}=\dfrac{0.634(\text{km})}{64000(\text{km})}=1.0\times10^{-4}$ なので，速度差は $\Delta V=470\times1.0\times10^{-4}$ m/s＝$4.7\times10^{-2}$ m/s である．一方，落下に要する時間は $\dfrac{1}{2}gt^2=634$ より $t=11$ s となる．以上より $\Delta V\times t=4.7\times10^{-2}$(m/s)$\times11$(s)＝0.52 m となり，52 cm ほど東側に落ちることになる．

# 第4章　運動の法則
(力学 1/4)

キーワード
4.1　運動論，ケプラーの法則，ガリレオの法則
4.2　運動の第1法則，慣性の法則
4.3　運動の第2法則，運動方程式
4.4　運動の第3法則，作用・反作用の法則，運動量保存の法則
4.5　万有引力の法則，重力定数，標準重力加速度

## 4.1　ニュートンの運動論への進展

運動論としては，古代ギリシャのアリストテレスの運動論（科学史コラム2）とプトレマイオスにより完成された天動説（科学史コラム3）とが，中世まで長い間信じられてきた．その後，ケプラーによる天上の3つの運動法則（科学史コラム3：楕円軌道の法則，面積速度一定の法則，調和の法則）の発見とガリレオによる地上の様々な運動法則（科学史コラム4：振り子の等時性，落下の法則，慣性の法則など）が提案され，力学の体系化へと発展してきた．

古典力学としては，ニュートンの運動の3つの法則（慣性の法則，運動の法則，作用反作用の法則）と万有引力の法則とで完成された．本章では，この3つの運動法則と万有引力の法則について順に述べる．

> 例題 4.1　ケプラーの第1法則を述べよ．
> （答：惑星は，太陽を焦点の1つとする楕円軌道上を動く）

## 4.2　慣性の法則

ニュートンの**運動の第1法則**（the first law of motion）は以下の**慣性の法則**（law of inertia）である（図 4.1）．

「物体に外部から力が加わらないときには，静止している物体は静止し続け，運動している物体は等速直線運動を続ける．」

ここで，**法則**（law）とは，他の何かから論理的に導いたり証明したりすることができず，実験により正しさが検証できるものであり，数学の公理に相当する（数学では，公理に基づいて証明される内容は定理と呼ばれる）．

この法則はニュートン以前ではガリレオにより提唱されていた．重

(a) 静止

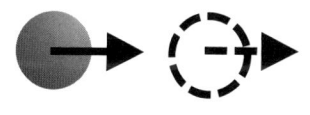

(b) 等速度

図 4.1　慣性の法則
外力がない場合，(a) 静止している物体は静止し続け，(b) 運動している物体は等速直線運動を続ける．

力が存在する地上での慣性の実験は容易ではないが，ガリレオは坂の斜面の角度を小さくして，水平に転がるボールの運動から慣性の法則を検証している．自説としての地動説の正しさの証明として，地面（地球）が動いているにも関わらず物が鉛直に落ちることを水平方向に対しての慣性の法則で説明したのである．

> 例題 4.2　慣性の法則の例を述べよ．
> 　　　　（答：だるま落としで叩かれなかった木片は静止を続ける現象，電車で急発進時の乗客が後ろに倒れかかりそうになる運動，カーリングのストーンの運動，ワイングラスを乗せてのテーブルクロス引きの隠し芸など）

## 4.3　運動の法則

重い物体に加速度を与え場合に比べて，軽い物体は容易に動かすことができる．加速度の大きさ $|\boldsymbol{a}|$ は質量 $m$ に反比例することがわかっている．

$$|\boldsymbol{a}| \propto \frac{1}{m}$$

一方，同じ質量の物体でも，外からの力 $\boldsymbol{F}$ が大きいほど大きな加速度 $\boldsymbol{a}$ が得られる．

$$\boldsymbol{a} \propto \boldsymbol{F}$$

この 2 つをまとめると $m\boldsymbol{a} \propto \boldsymbol{F}$ となり，国際単位系で比例係数を 1 とすると $m\boldsymbol{a} = \boldsymbol{F}$ となる（図 4.2）．

「物体に外から力がかかると加速度が生じ，その加速度 $\boldsymbol{a}$ は力 $\boldsymbol{F}$ に比例し，質量 $m$ に反比例する」と言い表すことができる．

$$m\boldsymbol{a} = \boldsymbol{F}, \quad 質量 \times 加速度 = 力 \tag{4.1}$$

これがニュートンの**運動の第 2 法則**（the second law of motion）であり，式 (4.1) をニュートンの**運動方程式**（equation of motion）という．

3 次元 $(x, y, z)$ 座標では，加速度ベクトルを $\boldsymbol{a} = (a_x, a_y, a_z)$，力ベクトルを $\boldsymbol{F} = (F_x, F_y, F_z)$ として

$$ma_x = F_x, \quad ma_y = F_y, \quad ma_z = F_z \tag{4.2}$$

である．

力は質量と加速度で定義されるので，国際単位系は，1 kg の質量に 1 m/s² の加速度を生じさせるための力は 1 kg·m/s² である．これを **1 ニュートン**（newton，記号は N）と呼ぶ．

第 1 法則は外力がない場合の法則であったが，一方，第 2 法則は外力がある場合の法則であり，ニュートンの運動の法則の中心的な法則である．

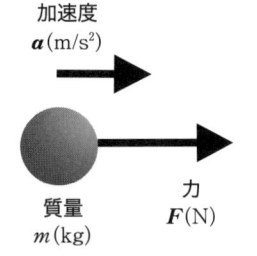

---

図 4.2　運動方程式 $m\boldsymbol{a} = \boldsymbol{F}$
加速度 $\boldsymbol{a}$ は力 $\boldsymbol{F}$ に比例し，質量 $m$ に反比例する．

力の単位
1 N = 1 kg·m/s²

> 例題 4.3　質量 2 kg の物体に 10 N の力が加わった．どれだけの加速度が生じるか．　　（答：$a=\dfrac{F}{m}=5\,\mathrm{m/s^2}$）

## 4.4　作用・反作用の法則

**運動の第 3 法則**（the third law of motion）は，2 つの物体の及ぼし合う力と力の関係を示した法則であり，**作用・反作用の法則**（law of action and reaction）と呼ばれる．物体 A が物体 B に及ぼす力を $\boldsymbol{F}_{B\leftarrow A}$，逆に物体 B が物体 A に及ぼす力を $\boldsymbol{F}_{A\leftarrow B}$ とすると，
$$\boldsymbol{F}_{B\leftarrow A}=-\boldsymbol{F}_{A\leftarrow B} \tag{4.3}$$
である．力の大きさは同じで向きが逆であり，両者はつり合っており外部から見ると全体として力はゼロである．

質量 $m$ の物体には重力 $-mg$（マイナスは下方向の意味）がかかり落下する．この物体を机の上に置くと，重力がかかってはいるがそれ以上は下には移動しない．これは，机が反作用として上向きの力 $mg$ を物体に及ぼしているからである（図 4.3）．人が歩いて前進できるのも，足が地面を後に押すこと（作用）で，地面が足を前方向きに押し返す（反作用）からである．

ロケットの場合には，燃焼した燃料ガスを噴出することで，ロケット本体を前進させている．これも作用・反作用の法則に従っており，力が運動量の時間変化で定義されることを考えると，内部の力が全体としてゼロであるので，全体の運動量の変化率もゼロであり，**運動量保存の法則**（law of momentum conservation）に帰着される（5.5 節参照）．回転を考慮する必要のない質点の運動では，衝突や合体・離脱の場合にも運動量が保存する（運動量は必ず保存するが，エネルギーは保存しない場合がある）．

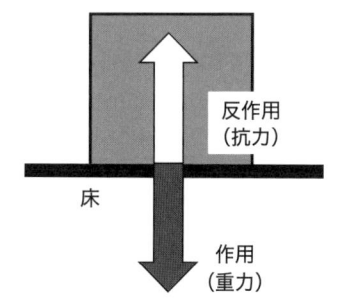

図 4.3　作用反作用の例（床の上の物体）物体が床を押す力（物体にかかる重力）と床が物体を押す力（床からの抗力）は，大きさは同じで向きが逆である．

> 例題 4.4　運動の第 3 法則の例をあげよ．
> 　　（答：人が壁を押したときの壁からの反作用，ボートを漕ぐ場合のオールによる力と水の反作用，ロケットの燃焼ガス噴出と反作用としての推力など）

## 4.5　万有引力の法則

### 4.5.1　ニュートンの万有引力の法則

「すべての 2 物体はその質量の積に比例し物体間の距離に反比例する力で引き合う．」

これを**万有引力の法則**（law of universal gravitation）と呼ぶ．2 つの物体の質量をそれぞれ $m_1$[kg], $m_2$[kg] とし，物体間の距離を $r$[m]

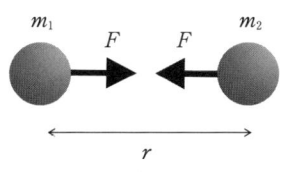

図 4.4　万有引力の法則
$F \propto \dfrac{m_1 m_2}{r^2}$

とすると，万有引力の強さ $F$ [N] は次式で与えられる（図 4.4）．

$$F = G\frac{m_1 m_2}{r^2} \qquad (4.4)$$

ここで，$G$ は**重力定数**（gravitational constant）と呼ばれ，$6.67 \times 10^{-11}\,\text{Nm}^2/\text{kg}^2$ である．

**重力定数**
$G = 6.67 \times 10^{-11}\,\text{Nm}^2/\text{kg}^2$

### 4.5.2 地上の重力

地球上の物体には必ず地球との間に万有引力が働く．この力は地表に近いところではほぼ一定と考えてよい．これを**重力**（gravity）という．2つの小さな物体に働く万有引力の式（4.4）を地上で検証しようとしても，2物体間の万有引力は地上での重力に比べて非常に小さいので（演習問題 4-5），かなりの工夫が必要である．

地球の質量を $M_\text{E}$（$=5.97\times 10^{24}$ kg），地球の半径を $R_\text{E}$（$=6.38\times 10^{6}$ m）として，地球表面上での万有引力は $F=mg$,

$$g = \frac{GM_\text{E}}{R_\text{E}^2} \qquad (\sim 9.8\,\text{m/s}^2) \qquad (4.5)$$

**重力加速度**
$g = 9.8\,\text{m/s}^2$

となる．重力加速度ベクトルは，大きさは質量 $m$ には依存せず，方向は地球の中心の方向で鉛直下方である．

地表から高さ $h$ にある質量 $m$ の物体の重力は $F=mg, g=\dfrac{GM_\text{E}}{(R_\text{E}+h)^2}$ であり，$R_\text{E} \gg h$ とすると，$g$ の値は近似的に

$$g = \frac{GM_\text{E}}{R_\text{E}^2}\frac{1}{\left(1+\dfrac{h}{R_\text{E}}\right)^2} = \frac{GM_\text{E}}{R_\text{E}^2}\left(1-\frac{2h}{R_\text{E}}+\cdots\right) \qquad (4.6)$$

である．例えば，富士山頂の高さ（$h=3776$ m）は地球の半径の 0.059% なので，山頂での重力は地表面の重力の 0.12% 減である．

実際には地球の自転による遠心力の効果（0.3% 減）や地球がやや扁平であること（極に比べて赤道で 0.5% 減），上空では空気による浮力が減少する効果も考慮する必要がある．地上表面では赤道での重力加速度がもっとも小さい．場所によって $g$ の値が変わるのは不都合が多いので，現在，世界の**標準重力加速度**（standard gravity）の大きさとして $9.80665\,\text{m/s}^2$ が定められている．

---

**例題 4.5** ジェット旅客機は，対流圏と成層圏の境界付近の高度 1 万 m（10 km，富士山の高さの約 3 倍）を飛行する．ここでの重力は，地球表面の重力の何パーセントか？　　（答：$\left(\dfrac{6380}{6390}\right)^2 = 0.997$ より 99.7%）

## 物理クイズ4：台車の加速（3択問題）

40 kg の台車がある．この台車を（a）ばねばかりで確認しながら 10 kg重（10 kgf）の力で直接引っ張り続けた場合と，（b）10 kgの重りを付けて手を離して重力（10 kg重）で引っ張った場合とでは，どちらが速く加速されるか．

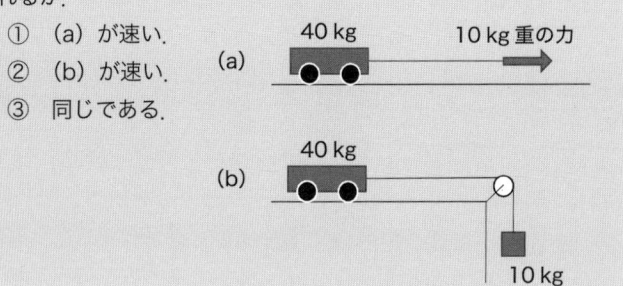

① （a）が速い．
② （b）が速い．
③ 同じである．

## 映画の中の物理4：宇宙遊泳の慣性運動
（映画『ゼロ・グラビティ』）

ギリシャのアリストテレスの力学では，物（例えば矢）が飛ぶには何かの媒体（矢の場合は空気）が物を押すからだと考えられていた．アリストテレスの運動学以降では，フランスの哲学者ビュリダンにより物体には運動し続ける能力（インペトゥス：駆動力）があるとされ，上方に進むと重さにより，その能力が減少すると考えられた．これは慣性の法則の原形であり，外力が働かない限り永遠に等速直線運動をすることを唱えたものである．

地球から遠く離れた空間での宇宙遊泳でも慣性の法則は重要である．米英映画『ゼロ・グラビティ』（2014年）では，真っ暗な宇宙空間に慣性の法則に従って浮遊する宇宙飛行士（主演男優ジョージ・クルーニーと主演女優サンドラ・ブロック）の不安な心理が巧みに描写されている．宇宙空間に飛来するスペースデブリ（宇宙ゴミ）の慣性力も恐怖である．

図　宇宙に放り出された危機と地球への奇跡の帰還

## 第4章　演習問題

[4-1] 以下はニュートンの運動の3法則に含まれるか．その場合，第何法則に相当するか．

(1) 物体の加速度は，物体にかかる力に比例し，物体の質量に反比例する．

(2) 2つの物体の間には，質量に比例し，距離の2乗に反比例する力が

常に働く．

(3) 宇宙空間で放り投げ出されると，その物体は等速直線運動を続ける．

4-2 重さ 5 kg 重の気球と 500 g 重の気球がともに重力と浮力がつり合って空中に静止している．上下方向に動かす場合に，動かしやすさは同じか．

4-3 300 g の物体が加速度 20 cm/s² で運動している．加わっている力を求めよ．

4-4 質量 $m_A$ で速度 $v_A$ の物体 A と，質量 $m_B$ で速度 $v_B$ の物体 B が力を及ぼし合う場合を考える．物体 A に力が加わっていないとすると $\dfrac{dv_A}{dt}=0$ であるが，物体 B が物体 A に及ぼす力 $F_{A \leftarrow B}$ を考えると $F_{A \leftarrow B}=m_A \dfrac{dv_A}{dt}$ である．同様に，$F_{B \leftarrow A}$ を考え，作用反作用の法則である式 (4.3) を用いて，運動量保存の法則 ($m_A v_A + m_B v_B = $ 一定) を導け．

4-5 1 m 離れた 1 kg の 2 つの球に働く引力は何 N か．これは 1 kg の物体にかかる地球の重力に比べてどれだけ小さいか？ 重力定数を $6.7 \times 10^{-11}$ Nm²/kg² として計算せよ．

### 科学史コラム 4：ガリレオの地上の力学の法則

図 『天文対話』の表紙（提供：Istituto e Museo di Storia della Scienza, Florence）

　天上の力学法則のケプラーと前後して活躍し地動説を提唱したのは**ガリレオ・ガリレイ**（1564–1642 年，イタリア）である．ガリレオは，当時発明された望遠鏡を用いて木星の周りを回る 4 個の衛星（イオ，エウロパ，ガニメデ，カリスト）を 1610 年に発見し，『星界の報告』を出版した．木星の衛星のように，月を従えた地球が太陽の周りを回っても不思議ではないとの確信を深めたのである．その後，聖書に違反して太陽中心説を唱えているとの異端神学論争（第一次裁判）が行われ，1632 年に出版された『天文対話』では，**コペルニクス**の地動説を公然と擁護し，アリストテレス主義的な立場の教会の無知を嘲笑するかのような記述もあるとして，1633 年の第 2 次宗教裁判にて有罪の判決を受けた．自説の破棄，『天文対話』の出版禁止，自宅幽閉を宣告されたのである．ガリレオの死去から 360 年を経た 1992 年に初めて，当時のローマ法王ヨハネ・パウロ 2 世によりガリレオの宗教裁判の誤りとガリレオの名誉回復が認められた．

　ガリレオにより様々な法則が実証され，地上の力学の法則の確立がなされてきた．

（i）**振り子の等時性**（振幅に関係なく周期は一定）：長さ $L$ の振り子の周期 $T$ は，重力加速度を $g$ として $T = 2\pi \sqrt{\dfrac{L}{g}}$ である．

（ⅱ）**落下の法則**（落下距離は時間の二乗に比例）：重力加速度を $g$ の下で，距離 $x$ と時間 $t$ との関係式は $x=\frac{1}{2}gt^2$ である．
（ⅲ）**慣性の法則**（谷の斜面を転げ落ちる場合は同じ高さまで上がる）：坂を転げ落ちたボールが水平な底では，どこまでも転がることになる．

　上記の（ⅱ）に関連してピサの斜塔での実験の逸話が有名であるが，落下の法則の詳細な実験的検証は，緩やかな斜面を利用して行われた．

物理クイズ2の答　①
（解説）両方とも $F=10\,\text{kgf}=98\,\text{N}$ の力がかかるが，(a) では質量 $m=40\,\text{kg}$，(b) では質量 $50\,\text{kg}$ なので，加速度 $a=\dfrac{F}{m}$ は (a) では $2.45\,\text{m/s}^2$，(b) では $1.96\,\text{m/s}^2$ である．

# 第 5 章　力と運動量
（力学 2/4）

## キーワード

5.1　力の定義，力の 3 要素，慣性質量と重力質量，作用線，力の移動性
5.2　4 つの基本力，重力，電磁力，強い力，弱い力
5.3　ばねの弾性力，摩擦力，静止摩擦係数と動摩擦係数，浮力，アルキメデスの原理，粘性抵抗と慣性抵抗，終端速度
5.4　運動量，力積，フォロースルー
5.5　運動量保存の法則，弾性衝突と非弾性衝突，反発係数

## 5.1　力の定義と質量

### 5.1.1　力の定義

力は運動や形を変化させる作用

日常では様々な形で「力」という語を用いている．筋力，体力，学力，権力，財力，精神力，迫力など，枚挙にいとまがない．ある物または事柄に対して影響を及ぼす源あるいは作用を示す言葉である．物理学では，**力**（force）とは「物体の静止あるいは運動している状態に変化を起こさせたり，物体に変形を生じさせたりする作用」を示す．「運動変化力」とも呼ぶべき内容である．

### 5.1.2　力の 3 要素

**力の移動性**：剛体力学では，力を作用線上に移動させても性質は変わらない

力はベクトル量であり，「力の大きさ」，「力の向き」，「力の**作用点**（point of action）」により表す．これを**力の 3 要素**（three elements of force）という．作用点を通り力の方向に引いた線を**作用線**（line of action）と呼ぶ．

### 5.1.3　慣性質量と重力質量

力＝質量×加速度
加速度＝力／質量

無重力の宇宙では，静止している質点はいつまでも静止しており，運動している場合には永遠に等速直線運動をすることになる．これは前章で述べた慣性の法則である．運動の状態の変化を表すのは速度ではなく，速度の変化率としての加速度であり，その加速度と質量の積として「力」が定義される．あるいは，物体に力が加わる場合には，力を質量で割った値が加速度となる．ここで，質量とは慣性力に関連する**慣性質量**（inertial mass）である．一方，後述する万有引力（地球と地上の物体としては重力）では相互作用する 2 つの質量に比例するのでそこで用いられる質量は慣性質量と異なり**重力質量**（gravitational mass）と呼ばれる．この2つの質量（慣性質量と重力質量）の定義は本質的に異なるものであるが，実際には実験的に非常に高い精度で一致し，同一であると考えてよい．アインシュタインはこの2つの質量が同一であると仮定して，一般相対性理論を構築している．

> 例題5.1　慣性質量と重力質量の定義の違いを述べよ
> 　（答：質量と加速度で慣性力を定義する場合（慣性質量）と，2つの質量から万有引力を定義する場合（重力質量）の違い）

## 5.2　4つの基本力

宇宙には4つの基本的な力が存在する．重力，電磁力，強い力，弱い力であり，作用の及ぶ範囲も異なっている．宇宙での大きなスケールでの力は，ニュートンの林檎で有名な「重力」，電磁石の作用や原子・分子レベルの化学燃焼に関連するマックスウェルの「電磁力」，さらに極微の世界である原子核内の核力としての「強い力」が存在し，原子炉などで利用されている．また，原子核の放射性崩壊の原因をなすものは「弱い力」である．私たちが直接感じるのは重力と電磁力であり，どちらも無限大まで力が働くが，重力は他の3つの力に比べて極端に小さい．強い力と弱い力は原子核内のみで働く．力の伝達には場の歪み，あるいは，それぞれの交換粒子を介して働く．

### 5.2.1　重力

距離 $r$[m] だけ離れた質量 $m_1, m_2$[kg] の物質に働く万有引力 $F$[N] はアイザック・ニュートンにより次式のように定式化された．

$$F = G\frac{m_1 m_2}{r^2} \tag{5.1}$$

ここで，$G$ は万有引力定数と呼ばれ $G = 6.67 \times 10^{-11}$ Nm$^2$/kg$^2$ であり，**重力場**（gravitational field,（**時空**, spacetime））の歪みにより力が伝わる，あるいは，交換子としての**重力子**（graviton, グラビトン，2015年現在未発見）を介して力が伝わる，と考えることができる（科学史コラム7）．重力は電磁力と同じく遠距離力であるが非常に弱い力である．しかし，電磁場と異なり引力のみなので遠方まで力が及ぶ．特に質量密度の高い星では，光をも引き付けて閉じ込めてしまうため，ブラックホールが形成される．

### 5.2.2　電磁力

マックスウェルにより完成された電磁気学において，距離 $r$[m] だけ離れた電荷 $q_1, q_2$[C] にかかる静電場の力 $F$[N] は次のクーロンの法

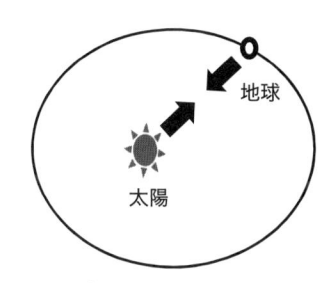

図5.1　重力
力は重力場の歪みか重力子の交換で働く

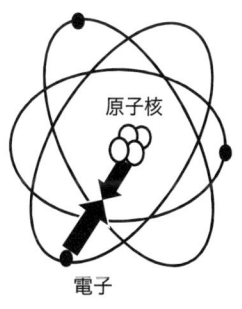

図5.2　電磁力
力は電磁場の歪みか光子の交換で働く

則で表される．

$$F = \frac{1}{4\pi\varepsilon_0}\frac{q_1 q_2}{r^2} \tag{5.2}$$

ここで，$\varepsilon_0$ は真空の誘電率であり，$\varepsilon_0 = 8.85 \times 10^{-12}$ F/m である．この力は，**電磁場**（electromagnetic field）の歪み，あるいは，**光子**（photon, フォトン）の交換により伝わる．磁場に関連しても同様な式が得られ，電磁場に関する統一的な力が働く．我々の日常の様々なエネルギーのほとんどがこの電磁エネルギーによるものである．化学反応や生体エネルギーも電磁力に関連するエネルギーである．

一般的に，ポテンシャルを $U$ とすると，力は $F = -\nabla U$ と書ける．ここで，$U \sim \alpha r^n$ の場合には，軌道安定な解は，下記の2種類に限定されることが知られている．

フック型（ばねポテンシャル）：$\alpha > 0, n = 2$
逆二乗則型（重力，電磁力）　：$\alpha < 0, n = -1$

重力と電磁力は距離についての逆二乗則型であるが，ばねの弾性力はフック型である．ばねの弾性域での力は固体の分子構造により生起し，力の源は電磁力である．

### 5.2.3 弱い力

フェルミにより発見されたベータ崩壊（ベータ線としての電子を放出する放射性崩壊）で代表されるような弱い力は，**ウィーク・ボソン**（weak boson, $W^+, W^-, Z^0$ 粒子）を介しての力である．

中性子のベータ崩壊の場合には

n　→　p　+　e⁻　+　v̄e　+　0.78 MeV
（中性子）（陽子）（電子）（反ニュートリノ）

である．重力と異なり，弱い力は素粒子レベルの非常に近距離（$10^{-18}$ m）にしか及ばない力である．

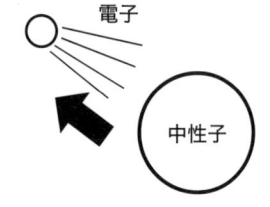

図5.3　弱い力
ウィーク・ボソンの交換で働く

### 5.2.4 強い力

湯川秀樹による中間子の交換による核力の理論があるが，この力は，交換子**グルオン**（gluon）を介しての力である．名前の通り，強い力を及ぼし合い，電磁力の100倍近くである．ただし，その作用する距離は $10^{-15}$ m である．その核力の場は**湯川ポテンシャル**（Yukawa potential）と呼ばれ

$$U(r) \sim -\frac{g^2}{4\pi}\frac{e^{-\frac{r}{\lambda}}}{r} \tag{5.3}$$

で表される．ここで，$\frac{g^2}{4\pi}$ は結合定数であり，$\lambda$ はコンプトン波長である．この力は，$\Delta m$[kg] の質量欠損に伴う核反応エネルギー $E$[J] の発生

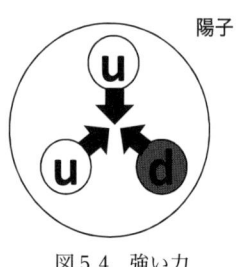

図5.4　強い力
グルオンの交換で働く

$$E = \Delta mc^2 \tag{5.4}$$

に関連している.

> 例題 5.2　重力は電磁力と同じように，距離に対して逆 2 乗則で表されるが，重力定数は電磁力の比例定数よりも極端に小さい．しかし，大宇宙では重力が支配的である．その理由を述べよ．
> （答：電磁力の場合には電荷に＋と－があり，引力と斥力が互いに遮蔽し合って遠くまで届かない．重力は引力のみであり遠くまで届く．）

## 5.3　様々な力

　前節の 4 つの基本力の理解だけでは，実際の物理現象の解明は不可能である．派生する力，例えば摩擦力，ばねの弾性力，空気抵抗力，化学結合力，生命現象に関する力などは，原子や分子の多数の粒子間の電磁力に起因した力がほとんどである．これらの様々な力を基本力から派生した個々の諸法則を用いて検討することは重要である．

### 5.3.1　ばねの弾性力

　ばねばかりは，つるまきばねが重さに比例して伸びる性質を用いて重さを測る測定器である．力 $F[\mathrm{N}]$ をばねに加えるとつり合いの位置からの変位が $x[\mathrm{m}]$ となると，

$$F = -kx \tag{5.5}$$

である（図 5.5）．これはフックの法則（Hooke's law）という．ここで $k[\mathrm{N/m}]$ は**ばね定数**（spring constant）と呼ばれる．式に負号が記されているのは，ばねを伸ばした場合 ($x>0$) には縮む力 ($F<0$) が，縮ませた場合 ($x<0$) には膨張する力 ($F>0$) が働くことに相当している．これは弾性体の変形によって生じる弾性域での応力に起因しており，近似的な式である．力が大きすぎる塑性域では (5.5) 式は成り立たない（振動の式は 7.4 節参照）．

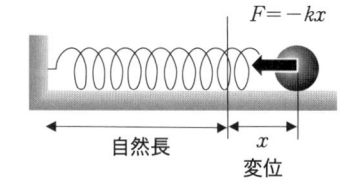

図 5.5　水平ばねの弾性力　$F = -kx$

### 5.3.2　摩擦力

　2 つの物体が接触している場合には，接触面を介して力を及ぼし合う．接触面に対して垂直方向の力を**垂直抗力**（normal force），接線方向に及ぼし合う力を**摩擦力**（frictional force）という．一般に滑らかな物体の接触では接線方向の力はゼロである．摩擦力の方向は，他から物体にかかる力に対して逆の方向である．垂直抗力を $N$ とした場合の**静止摩擦力**（static friction）$F$ は

$$F \leq \mu N \tag{5.6}$$

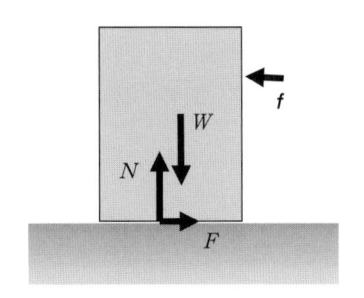

図 5.6 静止摩擦力
重さ $W$ の物体は垂直抗力 $N$ で支えられ，外力 $f$ を加えると，$F \leq \mu N$ の静止摩擦が作用する．

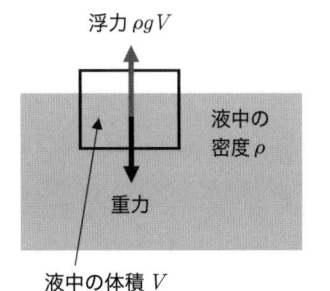

図 5.7 浮力 $F = \rho g V$

である（図 5.6）．$\mu$ は**静止摩擦係数**（coefficient of static friction）である．最大の摩擦力は $F_{\max} = \mu N$ である．動いている物体では

$$F = \mu' N \tag{5.7}$$

となり，比例定数として**動摩擦係数**（coefficient of kinetic friction）$\mu'$ を用いる．摩擦係数はいずれも無次元量である．

### 5.3.3 浮力

流体中では**浮力**（buoyancy）が作用することはよく知られている．水に浮かんだ木片では，木片の重力と浮力がつり合っている．浮力についての**アルキメデスの原理**（Archimedes' principle）は有名であり，「流体内にある物体に流体が及ぼす浮力は，その物体が押しのけた流体の重さに等しい」のである．一様な密度 $\rho [\mathrm{kg/m^3}]$ の流体中に物体の体積 $V [\mathrm{m^3}]$ が浸されている場合の浮力 $F$ は

$$F = \rho g V \tag{5.8}$$

である（図 5.7）（8.5.3 項参照）．

### 5.3.4 流体の抵抗力

流体の中を物体が運動すれば，流体から運動の方向と逆の方向に力を受ける．空気中のボールの運動などのように，速度が小さな場合には，抵抗力 $F$ は速度 $v$ に比例することが**ストークスの法則**（Stokes' law）の**粘性抵抗**（viscos resistance）として知られている．

$$F = -\gamma v \tag{5.9}$$

自由落下する物体の速度 $v$ は時間に比例して大きくなっていく（$v = -gt$）が，空気抵抗がある場合には，重力と空気抵抗力がつり合って $-mg = -\gamma v$ となり，

$$v = \frac{mg}{\gamma} \tag{5.10}$$

となる．これは雨粒の落下速度のように最終的に一定値となることを示しており，**終端速度**（terminal velocity）と呼ばれる．

速度が速いロケットなどの場合には，空気抵抗の力は速度ではなくて速度の 2 乗に近似的に比例する**慣性抵抗**（inertial resistance）が知られている．密度の流体の中を断面積 A の物体が高速で動く場合の慣性抵抗は

$$F \propto \rho A v^2 \tag{5.11}$$

である．

---

**例題 5.3** 床に置かれた 40 kg 重の物体を水平な力で押し，10 kg 重のとき動き始めた．静止摩擦係数はいくらか． （答：0.25）

## 5.4 運動量と力積

### 5.4.1 運動量の定義

ピンポン球と野球の硬球では，速度が同じでも衝突の衝撃は異なる．質量の違いが原因である．新しい物理量として，速度 $\boldsymbol{v}$[m/s] に質量 $m$[kg] を掛けたベクトル量として**運動量**（momentum）$\boldsymbol{p}$[kg·m/s] を定義する．

運動量＝質量×速度

$$\text{運動量＝質量×速度}, \qquad \boldsymbol{p} = m\boldsymbol{v} \tag{5.12}$$

これは，運動の勢いを左右するものであり，国際単位系では kg·m/s である．

### 5.4.2 運動量変化と力積

ニュートンの運動方程式（第 2 法則）では

$$m\frac{d\boldsymbol{v}}{dt} = \boldsymbol{F} \tag{5.13}$$

であるが，運動量を用いて次のように書くこともできる．

$$\frac{d\boldsymbol{p}}{dt} = \boldsymbol{F} \tag{5.14}$$

実は，1968 年のニュートンの著書『プリンキピア（自然哲学の数学的諸原理）』でのオリジナルの式は (5.14) である．これは

$$\Delta \boldsymbol{p} = \boldsymbol{F} \Delta t \tag{5.15}$$

$$\Delta \boldsymbol{p} = \boldsymbol{p}_2 - \boldsymbol{p}_1$$

$$\Delta t = t_2 - t_1$$

と書ける．運動量の変化 $\Delta \boldsymbol{p}$ が力 $\boldsymbol{F}$ と作用時間 $\Delta t$ を掛けた量に等しいことがわかる．ここで，$\boldsymbol{J} = \boldsymbol{F}\Delta t$ を**力積**（impulse）という．

力積＝力×作用時間

$$\text{運動量の変化＝力×作用時間＝力積}$$

である．国際単位系では，力積は N·s=kg·m/s である．

物体の速度を増加させる，すなわち，運動量を増加させるためには，加える力が同じ場合には，力をなるべく長い間作用させるとよいことがわかる．野球，テニスやゴルフでボールを遠くに飛ばすにはバット，ラケットやクラブでなるべく長い間ボールに力を作用させ，最後までバットなどを振り切ればよい．スポーツ用語では，これは**フォロースルー**（follow-through）と呼ばれている．ボクシングでパンチが当たったときに体重をかけて打ち抜くこともフォロースルーである．

運動量の変化が決まっている場合には，力の作用時間を長くすることで力の大きさを減らすことができる．シートベルトやヘルメットなどの安全器具がその用途で用いられている．

力積＝運動量変化
仕事＝エネルギー変化

### 5.4.3 力積と仕事

力積 $J=F\Delta t$ では力の大きさと力の作用時間との積を考えたが，それが運動量の変化 $\Delta p=\Delta(mv)$ に等しいことを述べた．一方，力と力の作用距離を考えた積が仕事 $W=F\Delta x$ であり，運動エネルギーの変化 $\Delta\left(\dfrac{mv^2}{2}\right)$ をもたらすことになる．仕事がエネルギーの単位と同じであるように，力積の単位は運動量の単位と同じである．

> 例題 5.4 静止した質量 5 kg の物体に 10 N の力を 2 秒間加えた．速さはどれだけになったか．　　（答：$\Delta v=\dfrac{F\Delta t}{m}=\dfrac{10\times 2}{5}=4$ m/s）

## 5.5 運動量保存の法則と衝突

### 5.5.1 運動量保存の法則

1 つの物体で外力がない場合には

$$\frac{d\boldsymbol{p}}{dt}=0$$

なので，運動量 $\boldsymbol{p}$ は一定であり保存される．これは慣性の法則に相当し，外力無しの場合の等速直線運動に相当する．多数の質点の衝突を考える場合はお互いに力を及ぼし合うが，全体としては外力がゼロであり，運動量保存則が成り立つことになる．

2 つの物体 A と B の衝突を考える（図 5.8）．お互いに内力としての力を及ぼし合うが，B が A に及ぼす力 $\boldsymbol{F}_{A\leftarrow B}$ と A が B に及ぼす力 $\boldsymbol{F}_{B\leftarrow A}$ との関係は作用・反作用の法則より

$$\boldsymbol{F}_{A\leftarrow B}=-\boldsymbol{F}_{B\leftarrow A} \tag{5.16}$$

となる．一方，衝突による力の及ぼし合う時間を $\Delta t=t'-t$ として，物体 A の衝突前後の運動量変化 $\Delta p_A=m_A v_A'-m_A v_A$ と力積 $F_{A\leftarrow B}\Delta t$ の関係は

$$\Delta\boldsymbol{p}_A=\boldsymbol{F}_{A\leftarrow B}\Delta t$$

同様に物体 B について

$$\Delta\boldsymbol{p}_B=\boldsymbol{F}_{B\leftarrow A}\Delta t$$

であり，最終的に

$$\Delta\boldsymbol{p}_A+\Delta\boldsymbol{p}_B=0 \tag{5.17}$$

となり，運動量が物体 A と物体 B との全体として保存されることとなる．衝突後の全体の運動量は衝突前の運動量に等しい．

$$m_A\boldsymbol{v}_A'+m_B\boldsymbol{v}_B'=m_A\boldsymbol{v}_A+m_B\boldsymbol{v}_B \tag{5.18}$$

これを**運動量保存の法則**（law of momentum conservation）という．

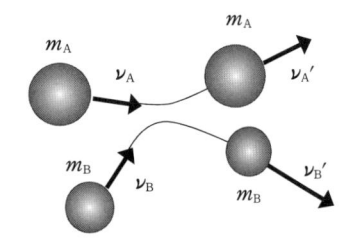

図 5.8　2 つの物体の衝突と運動量保存

### 5.5.2 弾性衝突

衝突による物体の変形もなく，熱や音，振動も発生しない場合には

運動エネルギーが保存される．これを**弾性衝突**（elastic collision），あるいは，**完全弾性衝突**（perfectly elastic collision）という．球 A の質量を $m_A$，衝突前の速度を $\boldsymbol{v}_A$，衝突後の速度を $\boldsymbol{v}_A'$ とする．球 B も同様に定義すると，弾性衝突の場合には，

運動量保存
$$m_A \boldsymbol{v}_A + m_B \boldsymbol{v}_B = m_A \boldsymbol{v}_A' + m_B \boldsymbol{v}_B' \tag{5.19}$$

エネルギー保存
$$\frac{1}{2} m_A v_A^2 + \frac{1}{2} m_B v_B^2 = \frac{1}{2} m_A v_A'^2 + \frac{1}{2} m_B v_B'^2 \tag{5.20}$$

となる．

例として，2つの物体の質量が同じであり（$m = m_A = m_B$），物体 A が静止している物体 B（$v_B = 0$）に正面衝突した場合には

$$m v_A = m v_A' + m v_B'$$
$$\frac{1}{2} m v_A^2 = \frac{1}{2} m v_A'^2 + \frac{1}{2} m v_B'^2$$

から

$$v_A = v_A' + v_B'$$
$$v_A^2 = v_A'^2 + v_B'^2$$

となり，上の2式から $v_A'$ を削除すると

$$v_B'(v_B' - v_A) = 0$$

となる．$v_B' = 0$ と $v_B' = v_A$ の2つの解が得られるが，前者では $v_A' = v_A$ となり衝突しない場合の運動の解に相当する．後者が衝突する場合に相当し，

$$v_B' = v_A, \quad v_A' = 0 \tag{5.21}$$

が得られる．すなわち，同じ質量の静止した物体に正面衝突した場合には，運動していた物体は静止し，静止していた物体は同じ速度で直線運動を始め，運動エネルギーの交換が起こる．

### 5.5.3 非弾性衝突

衝突により，熱，音，変形が発生する場合には運動エネルギーが減少する．運動量は保存されるが，力学的エネルギーが保存されない場合を**非弾性衝突**（inelastic collision）という．

速度 $v$ で運動するボール A と静止したボール B が同じ質量の場合には弾性衝突したとき，(5.21) 式で示したように，ボール A が静止し，ボール B が動き出す．この場合には，運動量と力学的エネルギーの両方が保存された．

一方，非弾性衝突の例として，衝突後に A と B が付着して一体化する場合を考える．運動量保存の法則から

$$m v_0 = 2 m v$$

となり，一体化した速度は $v=\dfrac{v_0}{2}$ となるが，衝突前の運動エネルギー $\dfrac{1}{2}mv_0{}^2$ に対して，衝突後の運動エネルギーは $\dfrac{1}{2}\cdot 2\,m\left(\dfrac{v_0}{2}\right)^2=\dfrac{1}{4}mv_0{}^2$ となる．力学的エネルギーが半減し，保存しないことになる．

### 5.5.4 反発係数

正面衝突をする2つの物体の相対速度の比を**反発係数**（coefficient of restitution，はね返り係数）という．

$$e=-\frac{v_\mathrm{A}{}'-v_\mathrm{B}{}'}{v_\mathrm{A}-v_\mathrm{B}} \tag{5.22}$$

弾性衝突とは $e=1$ であり，例としての (5.21) 式の場合に成り立っている．

一方，$e<1$ の場合が非弾性衝突であり，力学的エネルギーは保存されない．付着による一体化の場合には $e=0$ となり，**完全非弾性衝突**（perfectly inelastic collision）と呼ばれる．

> 例題5.5 2つの物体の衝突により力学的エネルギーの保存が成り立たない場合は，残りのエネルギーはどうなったのか．（答：衝突による音，光，熱，変形の振動運動などに変化した．それらのすべてのエネルギーを含めるとエネルギー保存則が成り立っている）

**Q** 物理クイズ5：ニュートンのゆりかご（4択問題）

> 5つの球を一直線上に吊るした振り子（「ニュートンのゆりかご」と呼ばれる）がある．左図のように左3個（#1〜#3）を静止した右2個（#4〜#5）にぶつけるとどうなるか？
> ①左3個（#1〜#3）は止まり，右1個（#5）のみが大きく動き出す．
> ②左3個（#1〜#3）は止まり，右2個（#4〜#5）が大きく動き出す．
> ③左3個（#1〜#3）の代わりに，右3個（#3〜#5）が動き出す．
> ④全体（#1〜#5）がばらばらに動き出す．

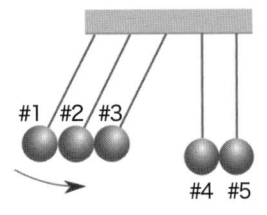

図

映画の中の物理5：地球接近小惑星の衝突
　　　　　　　　　　（映画『アルマゲドン』）

> 地球は，内的要因としての地殻の変動や人類による環境破壊と同時に，外的要因としての地球接近小惑星の衝突の脅威にさらされている．6500万年前（中生代白亜紀と新生代第三紀の境界）の恐竜の絶滅は，メキシコのユカタン半島に直径15 kmの巨大隕石が衝突したことによる気象

変動によるものである．隕石の衝突は，小惑星からのイリジウムや衝突で変質した石英の発見で科学的に立証されている．毎秒 20 km の速度（弾丸の約 20 倍）で放出エネルギーは $10^{23-24}$ ジュール（広島型原爆の 10 億倍）に達し，マグニチュード 11 以上の地震で，高さ 300 メートルの津波が起こり，硫酸塩や煤が大気中へ舞い上がり，酸性雨や寒冷化が起きたと考えられている．

米国映画『アルマゲドン』（1998 年）では，テキサス州と同じ大きさの巨大な小惑星（直径 1000 km）が時速 35,000 キロメートル（秒速 10 km）のスピードで地球に向かって接近してくる．主演のブルース・ウィリスは世界を救うために核弾頭による小惑星爆破に立ち上がる．

図　小惑星の衝突と人類滅亡の危機

## 第 5 章　演習問題

[5-1] 質量 5 kg の物体に重力加速度 $g=9.8$ m/s² が加わっている．この物体にかかる力（重力）は何 kg 重か．それは何 N か．

[5-2] 速度 $v$ で落下する質量 $m$ の物体の空気抵抗が $-bv$（$b$ は定数）とする．この運動方程式と終端速度 $v_\infty$ を求めよ．

[5-3] 水平面と角度 $\theta$ をなす斜面に質量 $m$ の物体が静止している．①斜面からの垂直抗力 $N$ と②静止摩擦力 $F$ を求めよ．また，③滑らないための角度 $\theta$ の条件を求めよ．静止摩擦係数を $\mu$，重力加速度を $g$ とする．

[5-4] 時速 36 km（＝10 m/s）で質量 2 t（＝2000 kg）の自動車が壁に衝突し止まった．この場合の運動量の変化（力積）を求めよ．また，衝突時間を 0.2 秒だったとして，車に加わった平均の力を求めよ．

[5-5] 質量 $m$ で正の $x$ 方向に速度 $v_0$ で運動している物体 1 と，質量が 2 倍の $2m$ で静止している物体 2 がある．弾性衝突後の物体 1 の速度 $v_1$ と物体 2 の速度 $v_2$ を以下の手順で求めよ．
(1) 衝突前後の運動量保存の式とエネルギー保存の式を書け．
(2) 上記から $v_2$ を $v_0, v_1$ で書き，$v_0$ と $v_1$ の関係式を書け．
(3) 以上より，$v_1$ および $v_2$ を $v_0$ の関数として求めよ．

### 科学史コラム 5：ニュートンの力学の統一と現代的発展

力学は物理学の基礎である．物理学でもっとも偉大な物理学者としてアインシュタインとニュートンがあげられている．アイザック・ニュートン（1642–1727 年，イギリス）は天上のケプラーの法則と地上のガリレオの法則を統一して古典力学を体系化した．それに時間と空間の新しい

概念を導入して相対論を確立したのがアルベルト・アインシュタイン（1879–1955 年，ドイツ・アメリカ）である．力学，熱力学，電磁気学が古典物理学の3つの柱であるが，古典物理学と現代物理学との接点としての相対性理論と量子論とにより，新たな学問的な展開がなされてきた．

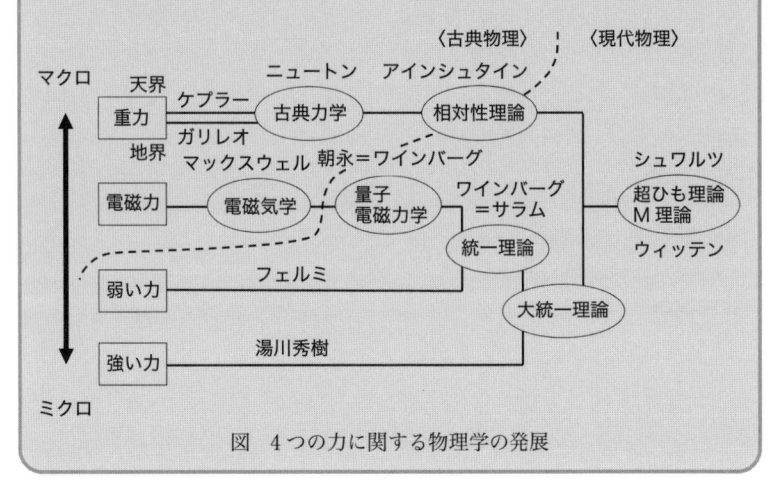

図　4つの力に関する物理学の発展

物理クイズ5の答　③
（解説）作用・反作用の法則（運動量保存の法則）から #3 の球が #4 に衝突して静止し，#4 が #3 の初期速度 $v_0$ で動き出す．#4 が #5 に衝突して #5 が $v_0$ で動き出す．これとほぼ同時に #2 が静止した #3 にぶつかり，#4 が $v_0$ で動き出す．同様に #1 の運動が #3 の運動に変換され，最終的に #3〜#5 の3個が同じ速度 $v_0$ で動き出す．

# 第6章 仕事とエネルギー
(力学 3/4)

**キーワード**
6.1 仕事, 仕事率
6.2 運動エネルギーと位置エネルギー (ポテンシャルエネルギー), 保存力
6.3 力学的エネルギー保存の法則
6.4 仕事, 運動エネルギー
6.5 熱, エネルギー保存の法則, 熱の仕事当量

## 6.1 仕事と仕事率

### 6.1.1 仕事

仕事という言葉は日常的には「仕事を探す」「いい仕事をした」など,業務,職業,成果などの意味で使われるが,物理学での**仕事**(work)は「物体が外力の作用で移動したときの,移動方向への力の成分と移動距離との積」として定義される.すなわち,

「仕事」=「力の大きさ」×「力の向きへの移動距離」
$$W = Fd \tag{6.1a}$$

である.力と移動の方向が一致しない場合には,角度を $\theta$ として

$$W = Fd \cos\theta \tag{6.1b}$$

である(図 6.1).

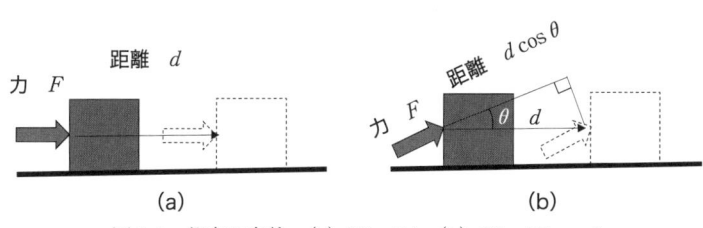

図 6.1 仕事の定義 (a) $W = Fd$, (b) $W = Fd\cos\theta$

仕事の国際単位は,力が $N = kg \cdot m/s^2$ で距離が m なので,$N \cdot m = kg \cdot m^2/s^2$ となる.これを**ジュール**(joule, 記号は J)という.

$$J = N \cdot m = kg \cdot m^2/s^2 \tag{6.2}$$

エネルギー
$1\,J = N \cdot m = kg \cdot m^2/s^2$

例えば,1 kg の質量の物体には地上では 9.8 m/s² の重力加速度がかかるので,9.8 N の力で保持する必要がある.この 1 kg の物体を鉛直方向に 1 m 持ち上げるときの仕事は 9.8 J となる.

## 6.1.2 仕事率

同じジュールの仕事でも，速く移動させる場合とゆっくり移動させる場合とでは，単位時間あたり必要なジュール数が異なってくる．単位時間あたり行われる仕事 $P$ を**仕事率**（power）あるいは**パワー**という．

$$\text{仕事率} = \frac{\text{仕事}}{\text{所要時間}}, \quad P = \frac{W}{t} \tag{6.3}$$

仕事率の国際単位は仕事 $W$ の単位 J を時間 $t$ の単位 s で割った単位であり，これを**ワット**（watt，記号は W）という．

> 例題 6.1　30 N の重力がかかっている物体を 2 秒で 1 m 持ち上げた．平均の仕事率を求めよ．　（答：$P = \dfrac{W}{t} = \dfrac{Fd}{t} = \dfrac{30(\text{N}) \times 1(\text{m})}{2(\text{s})} = 15$ W）

## 6.2　運動エネルギーと位置エネルギー

動いている物体が止まっている物体にぶつかると，止まっている物体に力を及ぼし仕事をすることができる．ある物体が仕事をする能力があるとき，その物体は**エネルギー**（energy）を持っているという．

### 6.2.1　運動エネルギー

静止している質量 $m$ [kg] の物体が時間 $\Delta t$ [s] の間に速さが 0 から $v$ [m/s] に変化したとする．運動量の増加分は $\Delta p = mv$ [kg·m/s] であり，運動方程式から $\overline{F} = \dfrac{\Delta p}{\Delta t} = \dfrac{mv}{\Delta t}$ [N] の平均の力が加わったことになる．一方，その間の平均速度は $\dfrac{v}{2}$ なので，動いた距離は $\Delta x = \dfrac{1}{2} v \Delta t$ [m] である．したがって，仕事は $W = \overline{F} \Delta x = \dfrac{1}{2} mv^2$ [N·m] である．一般に，速さ $v$ [m/s] で運動している質量 $m$ [kg] の物体が持っている運動エネルギー $K$ [J] は，

$$K = \frac{1}{2} mv^2 \tag{6.4}$$

である．単位はジュール（記号は J）である．

### 6.2.2　位置エネルギー

質量 $m$ の物体には重力 $F = mg$ [N] が働く．この物体を重力に抗して高さ $h$ [m] だけ持ち上げるための仕事は $Fh = mgh$ [J] である．高さ 0 を基準として，高さ $h$ [m] の位置にあるときの重力によるエネルギーを**位置エネルギー**，あるいは**ポテンシャルエネルギー**（potential energy）と呼び，以下の $U$ [J] で表す．

$$U = mgh \tag{6.5}$$

---

仕事率 = 仕事/所要時間

仕事率
1 W = 1 J/s

### 6.2.3 保存力

一般的に，2点間を移動するときに経路に関わらず仕事が一定の場合を**保存力**（conservative force）と呼ぶ．万有引力，重力，弾性力，静電力などは保存力であり，ポテンシャルエネルギー $U$ を用いて，力 $\boldsymbol{F}$ は

$$\boldsymbol{F}=-\nabla U=\left(-\frac{\partial U}{\partial x},\,-\frac{\partial U}{\partial y},\,-\frac{\partial U}{\partial z}\right) \tag{6.6}$$

と書ける．この場合には，$\nabla\times(\nabla U)=0$ より（**付録 H 参照**）

$$\nabla\times\boldsymbol{F}=\left(\frac{\partial F_z}{\partial y}-\frac{\partial F_y}{\partial z},\,\frac{\partial F_x}{\partial z}-\frac{\partial F_z}{\partial x},\,\frac{\partial F_y}{\partial x}-\frac{\partial F_x}{\partial y}\right)=0 \tag{6.7}$$

となる．

保存力の例をまとめると以下のようになる．

ばね（1次元） $\quad U(x)=\dfrac{1}{2}kx^2$

$$F_x=-\frac{\partial U}{\partial x}=-kx \tag{6.8a}$$

ばね（3次元） $\quad U(x,y,z)=\dfrac{1}{2}k(x^2+y^2+z^2)$

$$F_x=-\nabla U=(-kx,\,-ky,\,-kz) \tag{6.8b}$$

重力（$-y$方向） $\quad U(x,y,z)=mgy$

$$F_y=-\frac{\partial U}{\partial y}=-mg \tag{6.8c}$$

万有引力 $\quad U(r)=-G\dfrac{m_1 m_2}{r}$

$$F_r=-\frac{\partial U}{\partial r}=-G\frac{m_1 m_2}{r^2} \tag{6.8d}$$

> **例題 6.2** 変位 $x$ のときのばねの弾性力 $F=-kx$ のポテンシャルエネルギー $U(x)$ を導き出せ．
> （答：$U=-\int F\mathrm{d}x=-\int(-kx)\mathrm{d}x=\dfrac{1}{2}kx^2+C,\,C=0$）

## 6.3 力学的エネルギー保存の法則

鉛直上方を $x$ 軸の正の向きとすると，落下の運動方程式は $m\dfrac{\mathrm{d}^2 x}{\mathrm{d}t^2}=m\dfrac{\mathrm{d}v_x}{\mathrm{d}t}=-mg$ であり，速度 $v_x=\dfrac{\mathrm{d}x}{\mathrm{d}t}$ を両辺に掛けて時間 $t$ で1回積分すると，

$$\int mv_x\frac{\mathrm{d}v_x}{\mathrm{d}t}\mathrm{d}t+\int mg\frac{\mathrm{d}x}{\mathrm{d}t}\mathrm{d}t=0 \tag{6.9}$$

となり

$$\frac{1}{2}mv_x^2 + mgx = C \quad (C は積分定数) \tag{6.10}$$

となる．左辺第1項が運動エネルギー $K$ であり，第2項が $x=0$ を基準としたときの重力による位置エネルギーである．右辺の積分定数は左辺の2項の和が一定であることを示しており，一般的にポテンシャルエネルギーを $U$ として

$$K + U = 一定 \tag{6.11}$$

が示され，**力学的エネルギー保存の法則**（law of conservation of mechanical energy）が得られる．ばねの振動運動，惑星の楕円運動などの解析に有用な式である．

> 例題6.3 初速度 $v_0$ で鉛直に投げ上げた質量 $m$ の物体の最高点の高さを求めよ．（答：エネルギー保存則から $\frac{1}{2}mv_0^2 = mgH \quad \therefore H = \frac{v_0^2}{2g}$）

## 6.4 仕事と運動エネルギー

滑らかな床を速さ $v_1$ で滑っている質量 $m$ の物体に一定の外力 $F$ を進行方向に加え続け，距離 $s$ だけ進んだところで速度が $v_2$ となった．このとき，力 $F$ によりなされた仕事 $W$ は $Fs$ であり，これは運動エネルギーの変化分に等しい．

$$\frac{1}{2}mv_2^2 - \frac{1}{2}mv_1^2 = Fs = W \tag{6.12}$$

この運動エネルギーと仕事の関係は5.4節の運動量と力積の関係式からも導出できる．力を加えたのは時間 $\Delta t$ の間とすると，

$$mv_2 - mv_1 = F\Delta t \tag{6.13}$$

一方，移動距離は，等加速度運動での平均速度 $\frac{v_2+v_1}{2}$ を用いて $s = (v_2+v_1)\frac{\Delta t}{2}$ となるので，$\Delta t$ を式 (6.13) に代入して式 (6.12) が得られる．

> 例題6.4 質量 $m$，初速度 $v_0$ で滑っている物体に逆方向の力 $F$ を加えて静止させた．動いた距離を求めよ．
> （答：$0 - \frac{1}{2}mv_0^2 = (-F)s$ より $s = \frac{mv_0^2}{2F}$）

## 6.5 熱と仕事（エネルギー保存の法則）

熱はエネルギーの一形態であることが，ドイツの医師マイヤーの理論とイギリスの物理学者ジュールの実験で実証され，力学と熱との**エネルギー保存の法則**（law of energy conservation，熱力学第1法則）が明らかにされた（科学史コラム9）．熱エネルギーと力学エネルギーとの変換は

$$1\,\text{cal} = 4.184\,\text{J}$$

であり，これを**熱の仕事当量**（mechanical equivalent of heat）という．

エネルギーには様々な形態があり，それらが全体として保存される．エネルギー形態としては，熱エネルギーの他に，化学エネルギー，電気エネルギー，光エネルギー，核エネルギーなどがあり，相互に変換可能である（図 6.2）.

熱の仕事当量
$1\,\text{cal} = 4.184\,\text{J}$

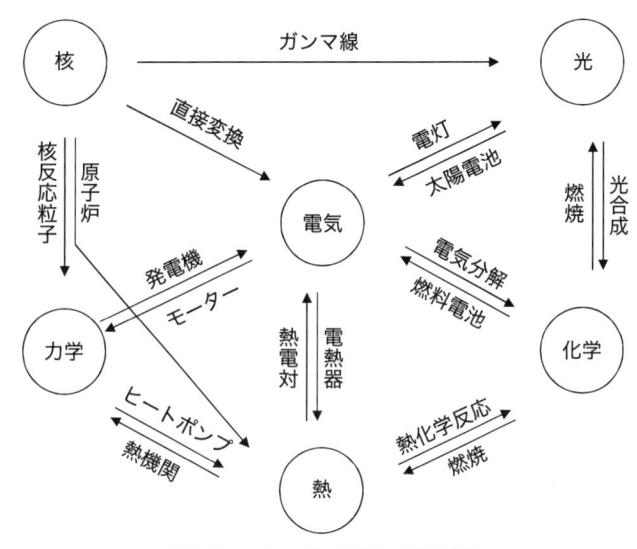

図 6.2 エネルギー形態の相互変換

エネルギーの源としての力から分類すると，重力を基礎としての潮力エネルギー，電磁力を基礎としての化学・電気・光エネルギー，そして，核力を使っての核エネルギーがある．物体の衝突・合体などの場合に，力学的エネルギーの保存則が成り立たない場合がある．この場合には，熱や振動などにエネルギーが変換されており，これを含めてエネルギー保存の法則が成り立つ．一般的に，エネルギーの変換効率は 100% ではなく，一部は熱エネルギーや，光・音・微小振動などのエネルギーとして損失する．損失エネルギーを含めて，全体としてエネルギー保存の法則が成り立つ．物理学では非常に重要な大法則の1つである．

> 例題 6.5　100 g の水の温度を 1℃上げるのに，何 J のエネルギーが必要か．
> 　（答：100 cal の熱量が必要であり，約 420 J のエネルギーに相当する）

## 物理クイズ6：崖からの3方向放物（4択問題）

図のように，崖の上から同じ速さで3方向（A：上方，B：水平，C：下方）にボールを投げた．地面に到達したときの速さは，どれが一番大きいか．

①Aの速さが最大
②Bの速さが最大
③Cの速さが最大
④同じである

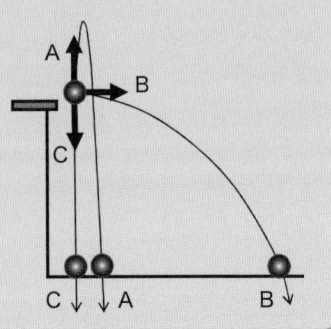

## 映画の中の物理6：火星での高跳び
（映画『ジョン・カーター』）

人は100 mを10秒で走ることができるとして，その走りのエネルギーの100%を跳躍のエネルギーに変換できたとすると，$\frac{1}{2}mv^2 = mgh$より，高さ$h = \frac{v^2}{2g} \sim 5$ mまで飛ぶことができるはずである．しかし，走り高跳びの世界記録は約2.5 mであり，人の背丈（重心高さは約1 m）を考慮すると，エネルギーの$\frac{1}{3}$程度しか変換できていないことになる．一方，棒高跳びの現在の世界記録は6 m15 cmであり，ポールの反発力と腕の力を含めて走りのエネルギーをうまく高跳びのエネルギーに変換していることがわかる．

火星で高跳びを行うとどのようになるであろうか？ 地球表面の重力加速度$g_E$は地球の質量を$M_E$，地球の半径を$R_E$として，万有引力の法則から$g_E = \frac{GM_E}{R_E^2}$で与えられる．同様に火星での重力$g_M$も定義できるので，地球（E）と火星（M）の平均密度を$\rho_E, \rho_M$とすると，$\frac{g_M}{g_E} = \frac{\rho_M R_M}{\rho_E R_E}$であり平均密度が同じであれば，重力は半径に比例することになる．実際，半径は$R_E = 6.4 \times 10^3$ km, $R_M = 3.4 \times 10^3$ km, 密度は$\rho_E = 5.5 \times 10^3$ kg/m³, $\rho_M = 3.9$ kg/m³なので$\frac{g_M}{g_E} = 0.37$である．地上で2 m跳べた人が，火星では6 mほど跳ぶことができることになる．

映画『ジョン・カーター』（2012年）は，古典的SFの原点としての1917年のエドガー・ライス・バローズの小説『火星のプリンセス』を基にして作られているが，そこに登場する主人公も，火星（映画では惑星バルスーム）の王国を救うためのシーンでは，軽々と跳躍し奮闘する．

図 火星の帝国を救う跳躍

## 第6章　演習問題

**6-1** 高さ $h$，長さ $l$ の斜面を，質量 $m$ のボールが，初速度ゼロで一定の摩擦力 $F$ を受けて滑り落ちたとする．最終の速度を求めよ．

**6-2** 速さ $v$ で運動している質量 $m$ の質点に瞬間の力を加えたところ，速さは変えないで，運動の方向を $90°$ だけ変えた．(1) この瞬間の力の力積を求めよ．(2) また，この力積を静止している同じ質点に加えたときの初速を示せ．

**6-3** 投手が投げた速さ $v_0$ で質量 $m$ のボールを，バッターが同じ速さで打ち返した．このとき，バッターがボールにした仕事はいくらか．この場合の力積と力が加わっているときの移動距離を求めよ．

**6-4** 質量 10 kg の物品を高さ 2.0 m まで 5.0 秒で持ち上げた．このときの仕事（エネルギー）と，平均の仕事率を求めよ．また，このエネルギーは，1.0 g の水の何度の上昇のエネルギーに相当するか．有効数字 3 桁で計算して，有効数字 2 桁の答えを求めよ．

**6-5** 静止している質量 $m$ の物体に，速度 $v_1$ で動いている質量 2 倍の $2m$ の物体が衝突した．衝突後は合体して質量 $3m$ の物体となり動き始めた．
(1) 合体後の速度 $v_2$ を求めよ．
(2) この衝突での反発係数 $e$ はいくらか．
(3) 衝突による運動エネルギーの損失量 $\Delta \varepsilon$ を求めよ．
(4) エネルギーの損失分は何になったと考えられるか．

### 科学史コラム 6：エネルギーの語源

エネルギーの言葉の語源は，古代ギリシャ哲学の「エネルゲイア」に遡る．アリストテレス（紀元前 384-紀元前 322 年）は，プラトン（紀元前 427-紀元前 347 年）の提唱した超自然的なイディア界の説を批判し，万物は形相（エイドス）と質料（ヒュレ）を有しており，運動の変化は可能態（デュナミス：形相の内在した素材（質料））と現実態（エネルゲイア：形相の発現した状態）で説明できるとした．この「現実態＝エネルゲイア（ἐνέργεια）」は，「する（エン：ἐν）＋仕事（エルゴン：ἔργον）＋こと（イア：ια）」，すなわち，「仕事をしている状態」を表している．

現在の「エネルギー」という言葉は，蒸気機関を発明したジェイムズ・ワット（1736-1819 年，イギリス）が定義した「仕事」の概念を踏襲して，トーマス・ヤング（1773-1829 年，イギリス）が「エネルギー」という言葉を使いはじめ，これをスコットランドのウイリアム・ランキン（1820〜1872 年，イギリス）が広めたとされている．

質料と形相説：
個物は「形相」と「質料」とが結びついて変化したもの．
運動の変化は可能態から現実態（エネルゲイア）．

物理クイズ6の答　④
（解説）　力学的エネルギーの保存から $W=\frac{1}{2}mv_0{}^2+mgh=\frac{1}{2}mv^2$ であり，速度の大きさ（速さ）は一定である（ただし，地面に到達する時間は異なる）．

# 第 7 章　円運動と単振動
(力学 4/4)

**キーワード**
7.1　角度,　ラジアン,　角速度
7.2　等速円運動,　向心力,　遠心力,　周期,　回転数
7.3　角運動量保存の法則
7.4　フックの法則,　弾性定数,　ばね定数
7.5　単振り子,　振り子の等時性

## 7.1　等速円運動の速度

### 7.1.1　角度の単位

角度は昔から直角を 90° とする単位が用いられてきたが，角度の国際単位は**ラジアン** (radian, 単位記号 rad) である．ラジアンの定義は，半径 $r$ の円において，円の弧の長さが $r$ になる中心角を 1 rad (ラジアン) と定義する (図 7.1)．360° の 1 周が $2\pi r$ となるので

$$1\,\text{rad} = \frac{360°}{2\pi} \approx 57.3°$$

である．したがって，半径 $r$[m] の扇形の中心角が $\theta$[rad] の場合には，弧の長さ $s$[m] は

$$s = r\theta \tag{7.1}$$

である．

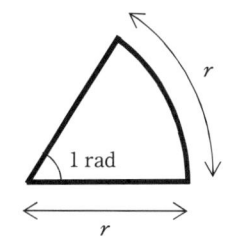

図 7.1　弧の長さが半径と同じ場合に，中心角は 1 rad (ラジアン)．

### 7.1.2　速度と角速度

速度の大きさ (速さ) $v$[m/s] は距離 $\Delta s$[m] を時間 $\Delta t$[s] で割った値であり

$$v = \frac{\Delta s}{\Delta t} \tag{7.2}$$

であるが，回転角 $\Delta\theta$[rad] を時間 $\Delta t$[s] で割った値を**角速度** (angular velocity) $\omega$[rad/s] とする．

$$\omega = \frac{\Delta\theta}{\Delta t} \tag{7.3}$$

ここで，半径 $r$[m] の円周上を一定の速さで動いている質点の運動を考えると，式 (7.1-3) より，速さ $v$ を導関数で表すと

$$v = \frac{ds}{dt} = \frac{r d\theta}{dt} = r\omega \tag{7.4}$$

となる．

ベクトルで表現すると，$(x, y)$ 直交座標において時間 $t=0$ で $(r, 0)$ の場合には

$$\boldsymbol{r} = (r\cos\theta, r\sin\theta) \tag{7.5}$$

であり，等速円運動の場合に，初期の角度をゼロとすると，角度は

$$\theta = \omega t \tag{7.6}$$

であり，速度は

$$\boldsymbol{v} = \frac{d\boldsymbol{r}}{dt} = \left(\frac{dx}{dt}, \frac{dy}{dt}\right) = (-r\omega\sin\omega t, r\omega\cos\omega t) \tag{7.7}$$

である．したがって，速度ベクトル $\boldsymbol{v}$ の大きさ（速さ）は

$$v = \sqrt{v_x^2 + v_y^2} = r\omega \tag{7.8}$$

であり，$\boldsymbol{v}$ の向きは，内積 $\boldsymbol{r} \cdot \boldsymbol{v} = 0$ から $\boldsymbol{r}$ と直交することがわかる．

例題 7.1 等速円運動では，内積 $\boldsymbol{r} \cdot \boldsymbol{v}$ がゼロであることを確認せよ．
（答：$\boldsymbol{r} \cdot \boldsymbol{v} = xv_x + yv_y = -r\cos\omega t \cdot r\omega\sin\omega t + r\sin\omega t \cdot r\omega\cos\omega t = 0$）

## 7.2 等速円運動の加速度，向心力

### 7.2.1 加速度と向心力

等速円運動とは，速度ベクトルは一定ではなく，速度の大きさ $v$ [m/s] が一定であり，その向きが絶えず変化する運動である．等速円運動の速度ベクトルの変化を図 7.2 に示した．時刻 $t$ と微小時間 $\Delta t$ 後の時間 $t'(=t+\Delta t)$ での速度を各々 $\boldsymbol{v}, \boldsymbol{v}'$ として（図 7.2 (a)），この速度変化 $\Delta\boldsymbol{v} = \boldsymbol{v}' - \boldsymbol{v}$ から（図 7.2 (b)），加速度 $\boldsymbol{a} = \frac{\Delta\boldsymbol{v}}{\Delta t}$ として求められ，加速度の方向は中心を向いており（図 7.2 (c)），大きさは $\left|\frac{\Delta\boldsymbol{v}}{\Delta t}\right| = \frac{v\Delta\theta}{\Delta t}$, $\Delta\theta = \omega\Delta t$ より，加速度の大きさは

$$a = \left|\frac{\Delta\boldsymbol{v}}{\Delta t}\right| = \frac{v\Delta\theta}{\Delta t} = v\omega = r\omega^2 \tag{7.9}$$

である．

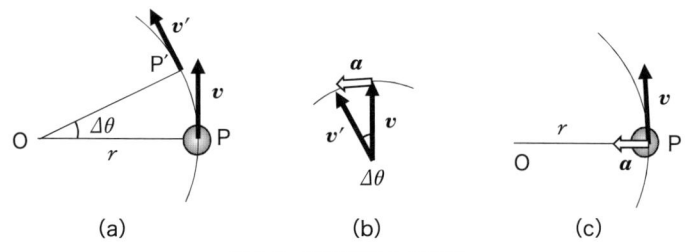

図 7.2 等速運動の加速度
(a) 座標空間上の速度変化
(b) 速度空間上の変化と加速度
(c) 速度と加速度の方向

この加速度をベクトルの微分計算から，以下のように求める事もできる．

$$\boldsymbol{v} = (v_x, v_y) = (-r\omega \sin \omega t, r\omega \cos \omega t) \tag{7.10}$$

より

$$\boldsymbol{a} = (a_x, a_y) = \frac{d\boldsymbol{v}}{dt} = \left(\frac{dv_x}{dt}, \frac{dv_y}{dt}\right) = (-r\omega^2 \cos \omega t, -r\omega^2 \sin \omega t) \tag{7.11}$$

が得られる．加速度の大きさは

$$a = \sqrt{a_x{}^2 + a_y{}^2} = r\omega^2 = v\omega = \frac{v^2}{r} \tag{7.12}$$

となる．内積 $\boldsymbol{v} \cdot \boldsymbol{a} = 0$ となり，$\boldsymbol{a}$ は $\boldsymbol{v}$ と直交することがわかる．また，

$$\boldsymbol{a} = -\omega^2 \boldsymbol{r} \tag{7.13}$$

となり，加速度ベクトル $\boldsymbol{a}$ は位置ベクトル $\boldsymbol{r}$ に対して反平行であり，円運動に必要な力 $m\boldsymbol{a}$ は常に中心を向いている．これを**向心力**（centripetal force）という．

> 例題 7.2-1　遠心力とは何かを考えよ．
> （答：静止系から見た場合には円運動している物体には向心力が働いているが，円運動している系に乗れば，力が働かず物体が静止しているように見える．見かけ上，向心力とつり合う力（遠心力）が働いていると考えることができる．）

### 7.2.2 周期と回転数

円周を1周する時間 $T[\text{s}]$ を**周期**（period）という．1秒間に円周を回る回数 $f[1/\text{s}]$ を**回転数**（rotational frequency）とすると，

$$f = \frac{1}{T} = \frac{\omega}{2\pi} \tag{7.14}$$

$$T = \frac{1}{f} = \frac{2\pi}{\omega} \tag{7.15}$$

したがって，速度 $v$ は，周長 $2\pi r$ を周期 $T$ で割った値として

$$v = \frac{2\pi r}{T} = 2\pi r f = r\omega \tag{7.16}$$

である．

> 例題 7.2-2　半径 2.0 m の円周上を 5.0 秒間に 10 回転する等速円運動をしている物体の周期 $T$，回転数 $f$，角速度 $\omega$，および速さ $v$ を求めよ．
> （答：$T = 0.5$ s，$f = 2.0/\text{s}$，$\omega = 13$ rad/s，$v = 25$ m/s）

## 7.3 角運動量保存の法則

質点の運動方程式は

$$\frac{d\boldsymbol{p}}{dt} = \boldsymbol{F}$$

であるが，これに位置ベクトル $\boldsymbol{r}$ とのベクトル積を考えて

$$\boldsymbol{r} \times \boldsymbol{F} = \boldsymbol{r} \times \frac{d\boldsymbol{p}}{dt} = \frac{d(\boldsymbol{r} \times \boldsymbol{p})}{dt} \tag{7.17}$$

と変形することができる．ここで $\frac{d\boldsymbol{r}}{dt} \times \boldsymbol{p} = \boldsymbol{v} \times m\boldsymbol{v} = 0$ を用いた．

運動量 $\boldsymbol{p}$ と力 $\boldsymbol{F}$ に対して，**角運動量**（angular momentum）$\boldsymbol{L}$ と**力のモーメント**（moment of force）$\boldsymbol{N}$ を定義すると，運動方程式は

$$\frac{d\boldsymbol{L}}{dt} = \boldsymbol{N} \tag{7.18}$$

$$\boldsymbol{L} = \boldsymbol{r} \times \boldsymbol{p} \tag{7.19}$$

$$\boldsymbol{N} = \boldsymbol{r} \times \boldsymbol{F} \tag{7.20}$$

となる．ここで $\boldsymbol{N} = 0$ のとき，**角運動量保存の法則**（angular momentum conservation law）$\left(\frac{d\boldsymbol{L}}{dt} = 0\right)$ が成り立つ．外力 $\boldsymbol{F}$ が $0$ でなくても力のモーメント $\boldsymbol{N}$ が $0$ であれば，角運動量保存則が成り立つ．例えば，「中心力」と呼ばれる万有引力の場合には，$\boldsymbol{F}$ と $\boldsymbol{r}$ は平行なので $\boldsymbol{N} = 0$ である．楕円軌道を描く惑星の運動の場合も働いているのは中心力であり，角運動量が一定の運動である．

物体の回転の速さは角速度ベクトル $\boldsymbol{\omega}$ で表される．回転中心からの距離 $r$ での速度は $v = r\omega$ なので，場所によって速さは異なるが，角速度は一定である．ベクトルでは，回転が $xy$ 平面内（$\boldsymbol{r}, \boldsymbol{v}$ は $xy$ 平面内）であるとして，

$$\boldsymbol{v} = \boldsymbol{\omega} \times \boldsymbol{r} \tag{7.21}$$

であり，$\boldsymbol{\omega}$ は $z$ 軸方向と定義される．

$$\boldsymbol{L} = \boldsymbol{r} \times m\boldsymbol{v} = m\boldsymbol{r} \times (\boldsymbol{\omega} \times \boldsymbol{r}) = m(\boldsymbol{r} \cdot \boldsymbol{r})\boldsymbol{\omega} - m(\boldsymbol{r} \cdot \boldsymbol{\omega})\boldsymbol{r} = mr^2\boldsymbol{\omega}$$
$$= (0, 0, mr^2\omega) \tag{7.22}$$

したがって，角運動量保存の法則は

$$L_z = mr^2\omega = \text{一定} \tag{7.23}$$

と書くことができる．

以上の対応関係を以下のようにまとめることができる．

$$\boldsymbol{p} \Leftrightarrow \boldsymbol{L} = \boldsymbol{r} \times \boldsymbol{p}$$
$$\boldsymbol{F} \Leftrightarrow \boldsymbol{N} = \boldsymbol{r} \times \boldsymbol{F}$$
$$\boldsymbol{F} = 0 \text{ で } \boldsymbol{p} \text{ 保存} \Leftrightarrow \boldsymbol{N} = 0 \text{ で } \boldsymbol{L} \text{ 保存}$$

> **例題 7.3** 長さ $0.5$ m の秒針（$60$ 秒で $1$ 周）の大時計がある．秒針の角速度 $\omega$ はいくらか．秒針の先端での速度 $v$ と加速度 $a$ はいくらか．

(答：$\omega=0.1$[rad/s], $v=0.05$[m/s], $a=0.005$[m/s$^2$])

## 7.4 フックの法則と単振動

ばねの復元力を $F$，変位量を $x$ とすると
$$F = -kx \tag{7.24}$$
となる（図 7.3）．これを**フックの法則**（Hooke's law）という．ここで比例係数 $k$ は**弾性定数**（elastic constant），ばねの場合は**ばね定数**（spring constant）と呼ぶ．力は振動の中心を向いている復元力であり，式 (7.24) の右辺にマイナス符号がついている．

ポテンシャル（位置）エネルギーを考える場合には，変位 $x=0$ での基準のポテンシャル $U(0)$ をゼロとして，
$$U(x) = -\int_0^x F\,dx = \frac{1}{2}kx^2 \tag{7.25}$$
である．

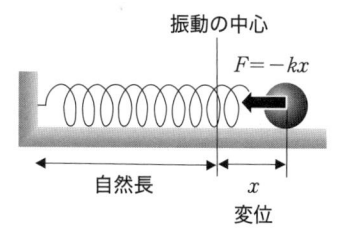

図 7.3 水平ばね振り子

質量 $m$ の質点をばねの先端に付けると，運動方程式は
$$m\frac{d^2x}{dt^2} = -kx \tag{7.26}$$
であり，
$$\frac{d^2x}{dt^2} = -\omega^2 x \tag{7.27}$$
$$\omega = \sqrt{\frac{k}{m}}$$

$x$ の一般解は
$$x = A\sin(\omega t + \delta)$$
である．ここで，$\omega$ は角振動数である．$A$ と $\delta$ は境界条件で定まる定数であり，振幅 ($A$) と初期位相 ($\delta$) である．ばねの周期 $T$ は
$$T = \frac{2\pi}{\omega} = 2\pi\sqrt{\frac{m}{k}} \tag{7.28}$$
である．周期 $T$ が長くなるのは，質量が大きい場合か，または，ばね定数が小さくてばねがやわらかい場合である．

---

**例題 7.4** 水平に置かれたばねに 5 kg の質量を取り付けた．これに 4 N の力を加えたところ，ばねが自然長から 20 cm 縮んだ．力を取り除いた場合の振動の周期を求めよ．

(答：$k = \dfrac{4}{0.2} = 20$[N/m], $T = 2\pi\sqrt{\dfrac{m}{k}} = 2\pi\sqrt{\dfrac{5}{20}} = 3.14$[s])

## 7.5 単振り子

質量 $m$ の球を付けた長さ $L$ の糸の振り子（pendulum）を考える（図 7.4）. 鉛直線からの角度を $\theta$ として, 振り子の軌道の接線方向の力は $-mg\sin\theta$ である. 振幅が小さい場合には, 重りは近似的に水平方向（$x$ 軸方向）の往復運動とみなすことができ, 運動方程式は

$$m\frac{d^2x}{dt^2} = -mg\sin\theta \tag{7.29}$$

となる. $\sin\theta = \dfrac{x}{L}$ なので

$$\frac{d^2x}{dt^2} = -\frac{g}{L}x = -\omega^2 x \tag{7.30}$$

$$\omega = \sqrt{\frac{g}{L}} \tag{7.31}$$

である. この振動の周期 $T$ は

$$T = \frac{2\pi}{\omega} = 2\pi\sqrt{\frac{L}{g}} \tag{7.32}$$

で与えられる. 微小振動振り子の周期は重力加速度 $g$ と糸の長さ $L$ だけに比例し, 振り子に付けられた球の質量や振り子の振幅に依存しないことが言える. これを発見したのは若き日のガリレオ・ガリレイである（映画の中の物理7）.

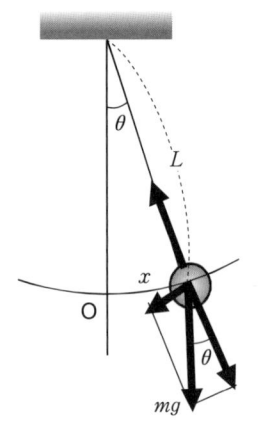

図 7.4 球の質量 $m$, 糸の長さ $L$ の単振り子

---

**例題 7.5** 周期が 1 秒となる単振り子の糸の長さはいくらか.

（答：$L = \dfrac{gT^2}{4\pi^2} = 0.25$ m）

---

### 物理クイズ 7：振り子の落下時間（3 択問題）

放物体の落下は, およそ 1 秒で約 5 m, 2 秒で約 20 m, 3 秒で約 45 m である. 水平方向に投げる場合も, 水平速度によらず, 5 m 高さでは落下時間は 1 秒である（下図参照）. 図のような 5 m の長さの振り子の場合の落下時間はどうであろうか？

① 1 秒かかる
② 1 秒より長い
③ 1 秒より短い

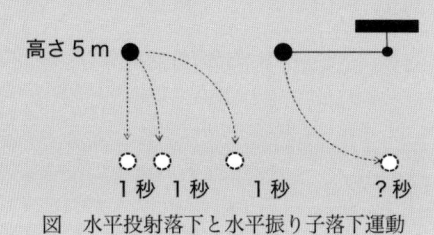

図 水平投射落下と水平振り子落下運動

## 映画の中の物理 7：振り子運動と加速
（SF 映画『スパイダーマン』）

ガリレオがピサ大学の学生であった 19 歳の時（1583 年）に，ピサの大聖堂のランプの揺れるのを見ていて，振幅がだんだん小さくなっても，ランプの往復時間は一定であることに気付いたとされている．また，ガリレオは自分の脈拍を数えることによって，振動の周期が変わらないことを確かめたともいわれている．

映画『スパイダーマン』（2002，2004，2007，2012，2014 年）では，生命再生の研究と新生物出現，強靭な糸と超能力の可能性，核融合（第 2 作），素粒子実験（第 3 作）などの空想科学を織り交ぜた物語が展開する．高い建物のあるニューヨークであるからこそ，スパイダーマンの振り子運動が有効利用できている．映画の中でも，振り子の周期が一定であるとの主人公と友人の会話があるが，これは振り子の周期 $T$ は重りの質量に無関係で振り子の長さ $L$ の平方根に比例するという「振り子の等時性」として知られている．

しかし，実際には振り子の振幅が大きくなると周期は長くなり，等時性が破れる．初期の角度を $\theta_0$ として $\sin\theta_0 \sim \theta_0$ では $\varepsilon = \sin\dfrac{\theta_0}{2}$ として，式（7.32）の周期を $T_0 = 2\pi\sqrt{\dfrac{L}{g}}$ とすると，実際の周期は $T = T_0\left(1 + \left(\dfrac{\varepsilon}{2}\right)^2 + \cdots\right)$ で近似できる．$\varepsilon \ll 1$ では $T \sim T_0$ であるが，例えば $\theta_0 = 45°$ の場合には周期は 4% ほど，$\theta_0 = 90°$ の場合には周期は 13% ほど長くなる．

遊園地のブランコを漕ぐときの原理と同じように，重心の上下運動により $L$ を変化させ，角運動量保存の法則（7.3 節）を応用して振り子の周期や速度を変化させることも可能であり，スパイダーマンの空中での独特なスタイルもその運動に関連している．

図 ニューヨークの空を飛ぶスパイダーマン

## 第 7 章　演習問題

**7-1** 半径 $r$[m] の円周上を時間 $t$[s] の間に $N$[回] だけ回転する等速円運動を考える．この運動の振動数，周期，角速度と，半径 $r$ での速度，加速度を求めよ．

**7-2** 弾性定数 $k$ のばねに，質量 $m$ の重りを鉛直に吊るした．
 (1) このばねの自然長からの変位 $x_0$ はいくらか．
 (2) このつりあったばねに手で力 $F$ を鉛直下方へ加えて手を離した場合，振り子の振幅と周期を求めよ．

**7-3** 弾性定数 $k$ のばねを 2 本横に並べて，質量 $m$ の物体を吊るして運動させた．
 (1) 運動方程式を書け．
 (2) 物体を振動させたときの角振動数と周期を求めよ．

7-4 原点 $(0,0,0)$ を中心として $x$-$y$ 平面上を点 $A(r,0,0)$ を始点として半径 $r$ の円周上を角速度 $\omega$ で時計回りに等速円運動している質量 $m$ の質点 P がある．
(1) ベクトル AP の $(x,y,z)$ 成分を書け．
(2) 点 P の速度 $(v_x, v_y, v_z)$ を書け．
(3) 点 A から見た点 P の角運動量を書け．

7-5 長さ $L$ の糸の端に質量 $m$ の質点を吊るし，他端を固定して，糸が鉛直線に常に一定角度 $\alpha$ となる円運動をさせた（円錐振り子）．この円運動の角速度 $\omega$ と周期 $T$ を求めよ．

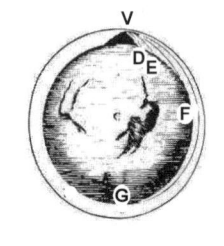

## 科学史コラム 7：ニュートンの人工衛星と万有引力の伝播

図 ニュートンの予測した人工衛星

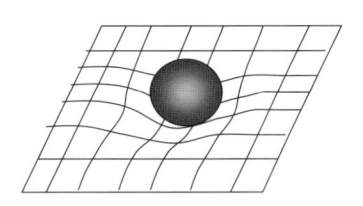

(a) 重力場の考え

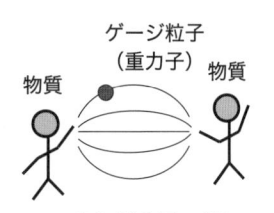

(b) 重力子の考え
図 重力の起源と伝播

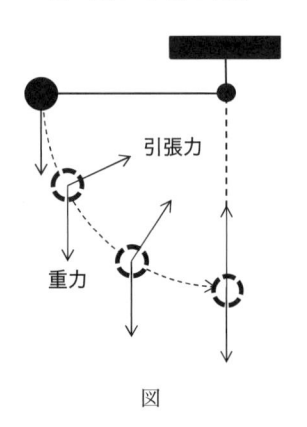

図

アイザック・ニュートン（1642–1727 年，イギリス）は，物体の落下運動において水平方向の速度を大きくすることで惑星運動が可能であることを，彼の著書『プリンキピア（自然哲学の数学的諸原理）』で説明している（左図）．高い山の上から大砲で弾丸を飛ばし，速度を大きくしていくと D, E, F, G と遠くまで飛んでいく．さらに速度を大きくしていくと大砲の設置点まで弾丸が戻ってきて，地表近くの人工衛星が可能となることが指摘されていた．

万有引力の法則に関連して，当時，その力がどのように作用するのかは定かではなかった．遠隔作用として瞬時に伝わることへの疑問が出され，ルネ・デカルト（1596–1650 年，フランス）が主張するような渦による近距離作用なのかという論争がなされた．現代物理学では，力は瞬時に伝わるのではなく，場（重力の場合には 4 次元時空間の重力場）の歪み，あるいは，ゲージ粒子（重力の場合には**重力子**（グラビトン）であり，未だ直接的な発見はなされていない）の交換で，相互に力が及ぼされると考えられている（左図）．

万有引力が距離の逆 2 乗則に従っているのは，荷電粒子に働く静電力と同じであり，無限大まで影響が及ぶ．これは交換粒子としてのグラビトンが電磁力の**光子**と同じく，質量がゼロだからである（第 14 章参照）．

物理クイズ 7 の答 ②
（解説）自由落下と異なり振り子の場合には紐による引張力が働き，等価的に鉛直方向の重力加速度が小さくなるので 1 秒より長くなる．

高さ $L$ での自由放物落体の場合は，重力加速度を $g$ として $\sqrt{\frac{2L}{g}} \sim 1.41\sqrt{\frac{L}{g}}$ である．一方，微小振動振り子の場合は，落下時間は周期の $1/4$ として $\frac{\pi}{2}\sqrt{\frac{L}{g}} \sim 1.57\sqrt{\frac{L}{g}}$ である．実際には大振幅振り子振動なので，本クイズの場合にはさらに 13% ほど長くなる（映画の中の物理 7）．

# 第8章 剛体と流体
（剛体力学と流体力学）

**キーワード**
8.1 質点と剛体，重心
8.2 力のモーメント，並進運動と回転運動，慣性モーメント，回転半径
8.3 力のつり合い
8.4 剛体，回転方程式，回転エネルギー
8.5 流体，圧力，標準大気圧，パスカルの原理，アルキメデスの原理，ベルヌーイの定理，揚力

## 8.1 剛体と質量中心

### 8.1.1 質点と剛体

前章までは，大きさがない質点の運動について述べた．ここでは，「大きさがあるが変形しない理想の物体」を考える．これを**剛体**（rigid body）と呼ぶ．実際の物体には大きさがあり，かつ，変形も可能であり，弾性体，塑性体や流体などがある．

### 8.1.2 重心

質量が $m_1$ と $m_2$ の2つの質点1と2がある．各々の位置を $x_1, x_2$ とすると，2つの質点の全体の**重心**（center of gravity，正確には**質量中心**（center of mass）） $x_G$ は

$$x_G = \frac{m_1 x_1 + m_2 x_2}{m_1 + m_2} \tag{8.1}$$

で与えられる．例えば，図 8.1 のように，$m_1 = 3\,m_0, m_2 = m_0, x_1 = 1.0, x_2 = 5.0$ のとき，重心の位置は (8.1) 式から $x_G = 2.0$ となる．

剛体を小さく刻んで $N$ 個の質点の集合と考えると，全質量を $M$ として，重心の位置ベクトル $\boldsymbol{R}$ は

$$\boldsymbol{R} = \frac{1}{M} \sum_{i=1}^{N} m_i \boldsymbol{r}_i = \frac{1}{M} \sum_{i=1}^{N} \rho_i \boldsymbol{r}_i \Delta V_i \tag{8.2a}$$

$$M = \sum_{i=1}^{N} m_i = \sum_{i=1}^{N} \rho_i \Delta V_i \tag{8.2b}$$

で定めることができる．

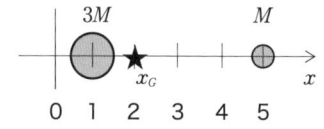

図 8.1 2つの物体の合計の重心位置の例

刻みを無限小にして，密度を $\rho [\mathrm{kg/m^3}]$ として，積分の定義に従って剛体の質量中心の位置ベクトル $\boldsymbol{R}[\mathrm{m}]$ は以下の式で求めることができる．

$$\boldsymbol{R} = \frac{1}{M} \int \rho \boldsymbol{r} \,\mathrm{d}V \tag{8.3a}$$

$$M = \int \rho dV \tag{8.3b}$$

例えば，半径 $a$[m] の半球の重心を考える．重心は対称軸上にあることは明らかなので，図8.2のような座標系では重心は $x$ 軸上にある．全質量 $M$[kg] は $M = \frac{2\rho\pi a^3}{3}$ であり，座標 $x$[m] のところで微小幅 $dx$[m] で切り取った体積 $dV$[m³] は $dV = \pi r^2 dx = \pi(a^2 - x^2)dx$ である．したがって，重心の $x$ 座標 $x_G$[m] は

$$x_G = \frac{1}{M}\int \rho x dV = \frac{1}{M}\int_0^a \rho x \cdot \pi(a^2 - x^2)dx$$
$$= \frac{3}{2a^3}\left[\frac{a^2 x^2}{2} - \frac{x^4}{4}\right]_0^a = \frac{3}{8}a \tag{8.4}$$

となる．

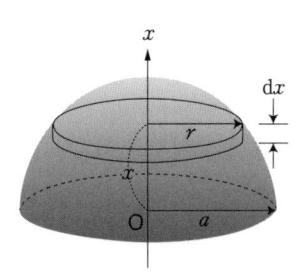

図8.2 半球の重心の求め方
（重心は $x = \frac{3a}{8}$）

> 例題8.1 三角形の重心は，中線上にあり底辺から高さ $\frac{1}{3}$ にあることを説明せよ．
> （答：底辺に平行に短冊状にカットした図形を考え，重心は短冊の中心を結ぶ直線（中線）上にあることが言える．2つの中線と2つの中点を結び1：2の相似比の2つの三角形を考えれば高さ $\frac{1}{3}$ がわかる．）

## 8.2 角運動量と力のモーメント

### 8.2.1 質点の角運動量

質量 $m_i$ で運動量 $\boldsymbol{p}_i = m_i \boldsymbol{v}_i$ の1個の質点の運動方程式は

$$\frac{d\boldsymbol{p}_i}{dt} = \boldsymbol{F}_i \tag{8.5}$$

である．原点からの位置ベクトルを $\boldsymbol{r}_i$ として，上式と位置ベクトルとのベクトル積を考え，$\boldsymbol{r}_i \times \frac{d\boldsymbol{p}_i}{dt} = \boldsymbol{r}_i \times \boldsymbol{F}_i$ より

$$\frac{d\boldsymbol{L}_i}{dt} = \boldsymbol{N}_i \tag{8.6a}$$

$$\boldsymbol{L}_i = \boldsymbol{r}_i \times \boldsymbol{p}_i \tag{8.6b}$$

$$\boldsymbol{N}_i = \boldsymbol{r}_i \times \boldsymbol{F}_i \tag{8.6c}$$

と書ける．ここで，$\frac{d\boldsymbol{r}_i}{dt} \times \boldsymbol{p}_i = 0, \frac{d(\boldsymbol{r}_i \times \boldsymbol{p}_i)}{dt} = \frac{d\boldsymbol{r}_i}{dt} \times \boldsymbol{p}_i + \boldsymbol{r}_i \times \frac{d\boldsymbol{p}_i}{dt} = \boldsymbol{r}_i \times \frac{d\boldsymbol{p}_i}{dt}$ を用いた．$\boldsymbol{L}_i$ は**角運動量**（angular momentum）と呼ばれるベクトル量であり，$\boldsymbol{N}_i$ は**力のモーメント**（moment of force）又は**トルク**（torque）と呼ばれるベクトル量である．

質点の位置の自由度は3であるが，剛体の自由度は重心の位置の自由度が3であり，重心を通る固定軸の傾きの自由度は2，そして，その軸のまわりの回転の自由度は1，合計自由度が6である．したがって，式(8.5)と式(8.6a)から6個の方程式を解くことで剛体の運動を定

めることができる．
力 $F$ がゼロの場合には運動量保存が成り立つ．
$$p = \text{一定} \tag{8.7}$$

一方，$F$ がゼロではないが位置ベクトル $r$ と平行である向心力の場合には $r_i \times F = 0$ より $N$ がゼロとなり，角運動量の保存が成り立つ．
$$L = \text{一定} \tag{8.8}$$

力 $F$ が $x-y$ 平面上の力であり，$z$ 軸の周りを半径 $r$ の円運動している場合には，式 (8.6a) の $z$ 成分のみを考えて，接線方向の力を $F_t$，角運動量を $L = mr^2 \frac{d\theta}{dt} = mr^2\omega$ として，

$$I\frac{d^2\theta}{dt^2} = N \tag{8.9a}$$

$$I = mr^2 \tag{8.9b}$$

$$N = rF_t \tag{8.9c}$$

となる．ここで，角度 $\theta$ に関する回転運動において，$I$ は**慣性モーメント**（moment of inertia），$N$ は力のモーメント，角運動量は $L = I\omega$ であり，各々，距離 $x$ に関する並進運動の方程式での質量 $m$，力 $F$，運動量 $p = mv$ に対応している（図 8.3）．

| （並進運動） | | （回転運動） |
|---|---|---|
| $m\dfrac{d^2x}{dt^2} = F$ | | $I\dfrac{d^2\theta}{dt^2} = N$ |
| 質量 $m$ | $\rightleftarrows$ | 慣性モーメント $I$ |
| 距離 $x$ | $\rightleftarrows$ | 角度 $\theta$ |
| 速度 $v$ | $\rightleftarrows$ | 角速度 $\omega$ |
| 運動量 $p$ | $\rightleftarrows$ | 角運動量 $L$ |
| 力 $F$ | $\rightleftarrows$ | 力のモーメント $N$ |

図 8.3 並進運動と回転運動の方程式の対比

### 8.2.2 剛体の並進運動

剛体を要素 $n$ 個に分割して質量を $m_1, m_2, m_3, \cdots, m_n$ とする．剛体の要素 $i$ に加わる力を，系外から受ける力 $F_i$（外力）と，系内の要素 $j$ から加わる力 $F_{i \leftarrow j}$（内力）に区別することができる．要素 $i$ の運動量を $p_i$ として，運動方程式は

$$\frac{d}{dt}p_i = F_i + \sum_{j=1}^{n} F_{i \leftarrow j} \tag{8.10}$$

ここで，作用・反作用の法則から
$$F_{i \leftarrow j} = -F_{j \leftarrow i}$$
なので，運動方程式の総和は内力が相殺して，

$$\frac{d}{dt}\left(\sum_{i=1}^{n} p_i\right) = \sum_{i=1}^{n} F_i \tag{8.11}$$

となる．これは，「系全体の運動量の時間変化は外力の和に等しい」ことを示している．したがって，全質量 $M$ と質量中心の位置ベクトル $R$ を用いて，剛体の質量中心の**並進運動**（translational motion）の運動方程式は

$$M\frac{d^2R}{dt^2} = F \tag{8.12}$$

となる，ここで，全質量 $M$，質量中心の位置ベクトル $R$，外力の総和 $F$ は

$$M = \sum_{i=1}^{n} m_i$$

$$R = \frac{1}{M}\sum_{i=1}^{n} m r_i$$

$$F = \sum_{i=1}^{n} F_i$$

とした．

### 8.2.3 剛体の回転運動

前項同様に，剛体を要素に分解して質量中心の**回転運動**（rotational motion）としての運動方程式を考える．要素 $i$ の回転運動は

$$\frac{\mathrm{d}}{\mathrm{d}t}(r_i \times p_i) = r_i \times F_i + r_i \times \sum_{j=1}^{n} F_{i \leftarrow j} \tag{8.13}$$

であり，$i=1\sim n$ の式をたし合わせて内力としての「力のモーメント」を消去して

$$\frac{\mathrm{d}L}{\mathrm{d}t} = N \tag{8.14a}$$

$$L = \sum_{i=1}^{n} r_i \times p_i \tag{8.14b}$$

$$N = \sum_{i=1}^{n} r_i \times F_i \tag{8.14c}$$

となる．

原点を通る $z$ 軸の周りの $x$–$y$ 平面上の回転運動の場合を考える．位置ベクトルと速度ベクトルは直交しており，角運動量の $z$ 成分は

$$L_z = \sum_{i=1}^{n} (r_i \times m_i v_i)_z = \sum_{i=1}^{n} m_i r_i^2 \frac{\mathrm{d}\theta}{\mathrm{d}t}$$

となるので

$$I \frac{\mathrm{d}^2 \theta}{\mathrm{d}t^2} = N_z \tag{8.15}$$

となる．ここで，慣性モーメント $I$ は

$$I = \sum_{i=1}^{n} m_i r_i^2 = \int \rho r^2 \mathrm{d}V \tag{8.16}$$

である．全質量を $M = \sum_{i=1}^{n} m_i$ として，**回転半径**（radius of gyration）$\kappa$ を

$$\kappa = \sqrt{\frac{I}{M}} \tag{8.17}$$

$$I = M\kappa^2 \tag{8.18}$$

で定義できる．

### 8.2.3 慣性モーメント

棒の重心を通り棒に垂直な軸に関しての**慣性モーメント**（moment of inertia）を考える（図8.4）．棒が細長い場合には，その質量を $M$，長さを $2a$，断面積を $S$ とすると，半径 $r$ の位置での幅 $\mathrm{d}r$ の微小体積は $\mathrm{d}V = 2S\mathrm{d}r$，全質量 $M = 2\rho Sa$ であり，

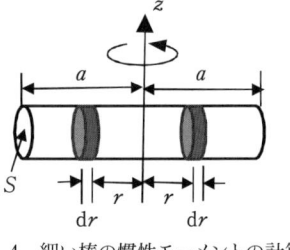

図8.4 細い棒の慣性モーメントの計算

$$I=\int \rho r^2 dV = 2\rho S\int_0^a r^2 dr = \frac{1}{3}Ma^2 \qquad (8.19)$$

である．

同様に，半径 $a$ での球，円板，薄い球殻，細い円環（あるいは円筒）の慣性モーメントは，各々 $\frac{2}{5}Ma^2, \frac{1}{2}Ma^2, \frac{2}{3}Ma^2, Ma^2$ となり，$\sqrt{\frac{I}{M}}$ で定義された**回転半径**（radius of gyration）は各々 $\sqrt{\frac{2}{5}}a, \sqrt{\frac{1}{2}}a, \sqrt{\frac{2}{3}}a, a$ であり，回転半径の係数が 0 から 1 に近付いていく（図 8.5）．

| 球 | 円柱 | 薄い球殻 | 細い円環 |
|---|---|---|---|
| $\frac{2}{5}Ma^2$ | $\frac{1}{2}Ma^2$ | $\frac{2}{3}Ma^2$ | $Ma^2$ |

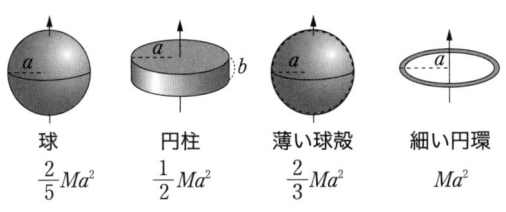

図 8.5　様々な物体の重心周りの慣性モーメント

> 例題 8.2　半径 $a$，厚み $b$ の円板の慣性モーメントは $\frac{1}{2}Ma^2$ であることを証明せよ．（答：$M=\pi a^2 b\rho$, $dV=2\pi br dr$, $I=2\pi\rho b\int_0^a r^3 dr = \frac{1}{2}Ma^2$）

## 8.3　剛体の力のつり合い

剛体の運動方程式は，全質量 $M$ と重心の位置 $\boldsymbol{R}$ を用いて

$$M\frac{d^2\boldsymbol{R}}{dt^2}=\boldsymbol{F} \qquad (8.20a)$$

$$\frac{d\boldsymbol{L}}{dt}=\boldsymbol{N} \qquad (8.20b)$$

なので，剛体の力のつり合い条件は，

　　　すべての力の合力が 0　　　　$\boldsymbol{F}=\boldsymbol{0}$　　　(8.21a)

　　　すべての力のモーメントの和が 0　　$\boldsymbol{N}=\boldsymbol{0}$　　　(8.21b)

である．

> 例題 8.3　長さ 1 m，重さ 2 kg 重の棒の左端に 5 kg 重，右端に 3 kg 重の重りを付けた．左端から何 m の位置で支えれば水平になるか（答：支える力は 10 kg 重，左端の点での力のモーメントを考えて $10\times x=1\times 3+0.5\times 2$, $x=0.4$ m）

## 8.4 剛体の回転運動

### 8.4.1 回転方程式の解

固定軸の周りを回転する物体の運動を調べるには，(8.15)式の回転の運動方程式を解けばよい．

$$I\frac{d^2\theta}{dt^2}=Fa \tag{8.22}$$

半径 $a$ に一定の力 $F$ が加わっている場合には，上式を 2 回積分することで，回転の運動方程式の解

$$\theta=\frac{1}{2}\frac{aF}{I}t^2+C_1t+C_2 \tag{8.23}$$

が得られる．ここで，$C_1, C_2$ は初期の角速度 $C_1=\omega_0$，および，初期の位置 $C_2=\theta_0$，として定まる積分定数である．

### 8.4.2 回転エネルギー

固定軸の周りに角速度 $\omega$[1/s] で回転している物体の運動を考える．固定軸から $r_i$[m] にある質点の速さは $r_i\omega$[m/s] であり，その質点の質量を $m_i$[kg] として，運動エネルギーは $\frac{1}{2}m(r_i\omega)^2$[J] である．したがって，回転の全運動エネルギー $W$[J] は

$$W=\sum\frac{1}{2}m(r_i\omega)^2 \tag{8.24}$$

であり，慣性モーメント $I$[kg·m$^2$]$=\sum mr_i^2$ を用いて，

$$W=\frac{1}{2}I\omega^2 \tag{8.25}$$

で与えられる．

### 8.4.3 剛体の力学的エネルギーの保存則

剛体の運動において，摩擦や熱が発生しない場合には，剛体の回転運動エネルギー，並進運動エネルギー，および位置エネルギーの総和が一定であるという**力学的エネルギー保存の法則**（conservation law of mechanical energy）が成り立つ．

$$\frac{1}{2}I\omega^2+\frac{1}{2}MV^2+Mgh=一定 \tag{8.26}$$

ここで，剛体の重心の高さを $h$ とした．

### 8.4.4 坂を滑らずに転がる剛体

半径 $a$，質量 $M$ の円柱や球が坂を転がる場合を考える．重心の周りの慣性モーメントを $I_G$，角速度を $\omega$ とする．滑らずに転がる条件は，坂に平行で下向きに $x$ 軸をとると，重心の位置 $X$ と速さ $V$ は

$$X = a\theta \tag{8.27}$$
$$V = a\omega \tag{8.28}$$

であり，運動エネルギー $K$ は

$$K = \frac{1}{2}I_G\omega^2 + \frac{1}{2}MV^2 = \frac{1}{2}\left(\frac{I_G}{a^2} + M\right)V^2 \tag{8.29}$$

である．したがって，高さ $H$ から転がした物体の高さ $h$ での速さ $V$ は

$$\frac{1}{2}\left(\frac{I_G}{a^2} + M\right)V^2 + Mgh = MgH \tag{8.30}$$

より定まる．坂を降り切ったとき ($h=0$) の速さは，転がらずに滑りながらの場合には $I_G=0$ と考えることができ $V=\sqrt{2gH}$ であるが，滑らずに転がりながらの場合には $V=\sqrt{2gH} \times \sqrt{\dfrac{1}{1+\dfrac{I_G}{Ma^2}}}$ となる．

> **例題 8.4** 半径 $a$，質量 $M$ の円柱と球を坂の上から転がした．滑らずに転がるとすると，どちらが速く転がるか．（答：慣性モーメントは円柱よりも球が小さいので，球が速く転がる）

## 8.5 流体と圧力

### 8.5.1 圧力

単位面積 [m²] あたりの力 [N] を **圧力**（pressure）と呼び，

$$\text{圧力 [Pa]} = \frac{\text{力 [N]}}{\text{面積 [m²]}} \tag{8.31}$$

圧力 $=\dfrac{\text{力}}{\text{面積}}$
$1\,\text{Pa} = 1\,\text{N/m}^2$

であり，国際単位系での圧力の単位は **パスカル**（pascal，記号は Pa）である．気圧の場合には，100 の意味の接頭語 h（ヘクト）を付けた **hPa**（hectopascal，ヘクトパスカル）が使われる場合が多い．**標準大気圧**（standard atmospheric pressure）としての 1 気圧が 1013.25 hPa であり，hPa は旧来の単位 mbar（ミリバール）と同じである（1 hPa = 1 mbar）．1 気圧は 1 m² あたり $1.013\times10^5$ N $=1.033\times10^4$ kg 重の力に相当し，1 cm² あたりでは約 1 kg 重の重さである．

圧力は一般的にはベクトル量であるが，水の中での圧力はスカラー量である．水中でのある 1 点での圧力を考えた場合，すべての方向で圧力は一定であり，スカラー量である，この圧力を **静水圧**（hydrostatic pressure）という．

### 8.5.2 パスカルの原理

「密閉容器中の静止流体は，その容器の形に関係なく，ある一点に受けた単位面積当りの圧力をそのままの強さで，流体の他のすべての部分に伝える．」これが **パスカルの原理**（Pascal's principle）である．図

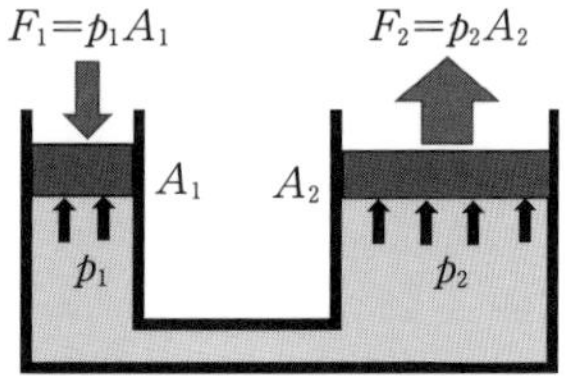

8.6に示したように，油圧ジャッキでは，この原理（$p_1=p_2$）により小さな力$F_1$（断面積$A_1$に圧力$p_1$がかかり$F_1=p_1A_1$）で大きな力$F_2$（断面積$A_2$に圧力$p_2$がかかり$F_2=p_2A_2$）を出すことができる．

図8.6 パスカルの原理（$p_1=p_2$）

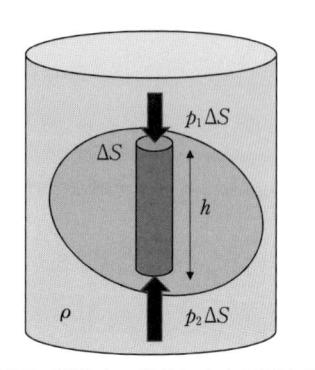

### 8.5.3 浮力とアルキメデスの原理

物体が流体の中にあれば，物体の表面の垂直方向に液体から圧力を受ける．上面の浅いところでは下向きの小さな圧力，下面の深いところでは上向きの大きな圧力を受ける．これらの圧力の合力が**浮力**（buoyancy）である．「物体が押しのけた流体の重力に相当する浮力を受ける」これが王冠の逸話（科学史コラム8）で有名な**アルキメデスの原理**（Archimedes' principle）であり，浮力$F$は流体の密度$\rho [\mathrm{kg/m^3}]$，流体中の物体の体積を$V[\mathrm{m^3}]$として，

$$F = \rho g V \tag{8.32}$$

である．図8.7のように密度$\rho$の液体中に沈めた物体を微小断面$\Delta S$の鉛直方向円柱（体積$\Delta V$）で近似したとして，上下の圧力差$p_2-p_1$から上方への力$\Delta F=(p_2-p_1)\Delta S=\rho g h \Delta S=\rho g \Delta V$がかかる．全体の力の大きさは$F=\sum \Delta F=\rho g \sum h \Delta S=\rho g V$であり式(8.32)が得られる．

図8.7 流体内の物体にかかる圧力差 $p_2-p_1=\rho g h$

> **例題 8.5-1** 密度$2.7\,\mathrm{g/cm^3}$の$54\,\mathrm{g}$のアルミニウム合金を水（密度$1\,\mathrm{g/cm^3}$）に入れた．浮力はどれだけか．（答：合金の体積は$20\,\mathrm{cm^3}$，$F=\rho g V=0.001[\mathrm{kg/cm^3}]\times 9.8[\mathrm{m/s^2}]\times 20[\mathrm{cm^3}]=0.196[\mathrm{N}]$）

### 8.5.4 ベルヌーイの定理

流体では，**ベルヌーイの定理**（Bernoulli's principle）と呼ばれるエネルギー保存の式

$$\frac{1}{2}\rho v^2 + \rho g h + p = 一定 \tag{8.33}$$

が成り立つ（図8.8）．これは，運動エネルギー密度，位置エネルギー密度，内部エネルギー密度の3つの項の和が一定であることを示している．上式の左辺第1項が動圧，左辺第3項が静圧と呼ばれる．圧力$[\mathrm{N/m^2}]$はエネルギー密度$[\mathrm{J/m^3}]$と等価である．

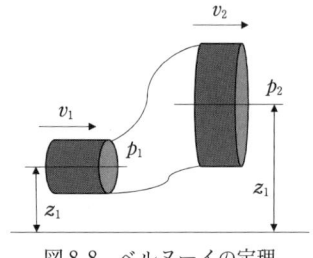

図8.8 ベルヌーイの定理

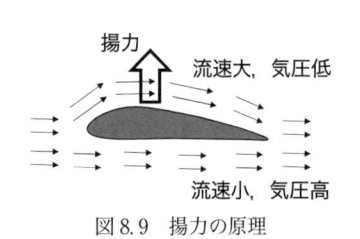

この定理の応用例として，飛行機での**揚力**（lift）の発生がある（図8.9）．翼の上面では下面よりも流速が大きくなり圧力が小さくなる．これにより揚力が発生する．飛行機での**ピトー管**（pitot tube）でもベルヌーイの定理が応用されている．静圧から高度を，動圧から流体の速度を測定して，飛行機の安全航行に用いられる重要な機器である．

図8.9 揚力の原理

> **例題 8.5-2** 密度$\rho$の液体が入った深さ$h$の樽の底面の穴から流れ出す液体の速度はどれだけか．

(答：液面では流速が 0, 高さ $h$, 大気圧 $p_0$ とすると，底面では流速 $v$, 高さ 0, 圧力 $p_0$ として，$\rho g h + p_0 = \frac{1}{2}\rho v^2 + p_0$ から $v = \sqrt{2gh}$)

### Q 物理クイズ 8：大根の 2 分割（3 択問題）

大根を半分だけ買うように八百屋に頼んだところ，図のように紐で吊るした面（重心の面）で 2 つに切り分けてくれた．重い方を買おうとするとどちらがよいか．

① 太くて短い方
② 細くて長い方
③ どちらでもよい

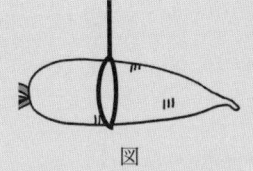

図

### 映画の中の物理 8：風船で家を浮かせられるか？
（映画『カールじいさんの空飛ぶ家』）

バーナーにより空気を暖めて比重を低くして，浮力により飛行する気球は「熱気球」と呼ばれる．一方，空気よりも軽い水素ガスやヘリウムガスを詰めて浮力を得る「ガス気球」もある．エンジンやプロペラを搭載した気球は「飛行船」と呼ばれる．いずれの気球も浮力に関するアルキメデスの原理により浮かんでいる．熱気球の原点は，諸葛亮孔明が発明したと伝わる「天灯」である．様々な冒険家が気球により未知の領域の探検を行ってきている．熱気球では，圧力が一定で温度を上げた場合の空気の比重の減少を用いて，ガス気球では比重の低いガスを詰めることで，浮力を得ている．

ディズニー映画『カールじいさんの空飛ぶ家』(2009 年) では，約 1 万個の風船により家を浮かして，亡き妻の為に伝説の滝を目指して旅する物語である．本当に風船で家を浮かすことができるだろうか？ 実際に 400 個近くの巨大ヘリウムガス気球により家を飛ばすことを試みたアメリカの冒険家もいる．

一人の人間を浮かすのにどれだけの風船が必要かを計算してみよう．水は $1\,\text{g/cc} = 1\,\text{kg}/\ell = 1\,\text{t/m}^3$ であるが，空気は水の約千分の 1 であり，$1\,\text{g}/\ell = 1\,\text{kg/m}^3$（より精確には約 $1.3\,\text{g}/\ell$）である．ヘリウムガスは空気の 5 分の 1 の重さなので，$0.2\,\text{g}/\ell$（精確には $0.18\,\text{g}/\ell$）である．したがって，ヘリウムガス風船の浮力は，$0.8\,\text{g}/\ell$ であり，直径 $2r \sim 0.4\,[\text{m}]$ の球形の風船の場合には，$\frac{4}{3}\pi r^3 \sim 0.42 \times (0.2)^3\,[\text{m}^3] \sim 0.0034\,[\text{m}^3] \sim 3.4\,[\ell]$ であり，浮力は 27 g 重である．したがって，直径 40 cm の小さな風船が約 200 個あれば，体重 50～60 kg の人が浮き上がれることになる．

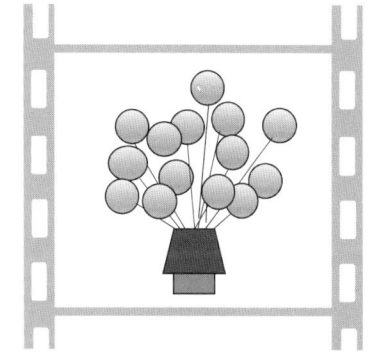

図　妻との約束と空飛ぶ家

## 第 8 章　演習問題

8-1　半径 $a$，高さ $h$ の直円錐の質量中心の位置を底円からの距離で示せ．

8-2　フィギュアスケートでは広げた手を縮めると回転数が上がる．手を 1 kg の 2 つの質点と考え，手の半径が 50 cm のときに毎秒 1 回転したとすると，手の半径を 10 cm に変化させると毎秒の回転数 $f$ はいくらになるか．以下の 2 つの場合について答えよ．
(1) 手以外の体重を無視した場合
(2) 50 kg の体重が半径 5 cm の質点として回転している場合

8-3　長さ $L$，重さ $W$ の棒が角度 $\theta$ で壁に立てかけられている（左図）．棒が床から受ける力 $P$ と壁から受ける力 $Q$ を求めよ．ただし，壁は滑らかで床が粗いとして，$Q=(Q_x, 0)$ とする．

8-4　角度 30° の坂に高さ $h$ から質量 $M$，半径 $a$ の円柱を転がした．滑らずに転がるとして，最終の速度を求めよ．

8-5　質量 $m$，断面積 $S$ の棒が，垂直を保ったまま密度 $\rho$ の液体に浮いている．液体に沈んでいる部分の長さはどれだけか．

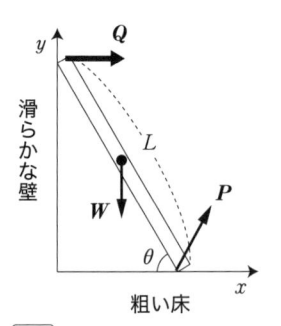

問題 8-3 の図　壁に立てかけられた長さ $L$ の棒

### 科学史コラム 8：アルキメデスの浮力とテコの原理

　古代ギリシャにおいて，シチリア島シラクサで生まれたアルキメデス（紀元前 287–紀元前 212 年）は，円周率の計算や無限級数，積分手法による計算などの数学の基礎を築いた．また，物理的・工学的な発想で様々な発明を行っている．らせんを応用した水揚げ機，テコの原理，逸話で有名な（左図）浮力に関するアルキメデスの原理などがあり，これらが力のつり合いの物理としての力学を誕生させる基礎となった．戦争のための数々の武器をも考案したと伝えられており，巨大鏡を用いた「太陽熱光線」，「投石器」，船の転覆を狙った「アルキメデスの鉤爪（かぎづめ）」などの考案が言い伝えられている．
　アルキメデスの浮力の原理は流体の静力学として，また，テコの原理は剛体の静力学として，広く用いられている物理法則である．

図　アルキメデスのユーリカ（わかった！）の逸話（16 世紀の彫刻より）

物理クイズ 8 の答　①
（解説）重心の位置は太い方が支点に近いので，力のつり合いに関するテコの原理により，太くて短い方が重い．

# 第 9 章　熱力学

**キーワード**
9.1　熱，熱運動，ブラウン運動，温度，熱量，熱の仕事当量，比熱と熱容量，熱平衡，熱量保存の法則
9.2　理想気体，ボイルの法則，シャルルの法則，状態方程式，アボガドロ定数，気体定数
9.3　熱力学第 0 法則（3 体間熱平衡の法則），熱力学第 1 法則（エネルギー保存の法則）
9.4　熱力学第 2 法則（エントロピー増大の法則），熱力学第 3 法則（ネルンストの定理）
9.5　熱機関のサイクル，熱効率，カルノーサイクル，断熱と等温，膨張と圧縮

## 9.1　温度と熱平衡

### 9.1.1　熱運動

物質を構成する原子・分子は乱雑に運動しており，内部にエネルギーを持っている．これは**熱運動**（thermal motion）と呼ばれ，熱エネルギーの源である．原子・分子の熱運動は図 9.1 で示されたような**ブラウン運動**（Brownian motion）として観測することができる．煙や花粉などの微粒子が空気や水の分子とぶつかり不規則に運動する．固体内でも原子や分子が熱運動により激しく乱雑に運動している．

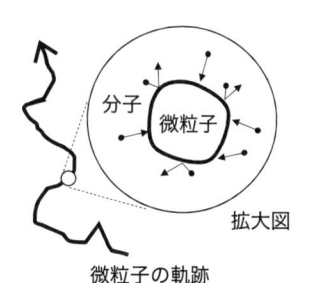

図 9.1　分子の熱運動による微粒子のブラウン運動

### 9.1.2　温度と熱

**温度**（temperature）とは「熱運動の激しさ」を示した状態量である．一方，**熱**（heat）とは「移動した熱運動のエネルギー」の物理量である．通常は熱と温度を区別せずに，風邪のときに熱がある，熱を測る（正確には，体温が高い，体温を測る）というが，物理学では熱と温度を明確に区別して用いる．

### 9.1.3　温度の単位

暖かさや冷たさの指標として温度を定める．その単位として，華氏温度，セ氏温度，絶対温度などが用いられてきた（映画の中の物理 9）．**セ氏（摂氏）温度**（Celsius temperature）は，1 気圧の下での水の沸点を 100，凝固点を 0 として定義された．

一方，熱力学的な**絶対温度**（absolute temperature）は，1848 年にイギリスのケルビン卿（W. Thomson, 1824-1907）により定められた．セ氏温度 $t$（℃）と絶対温度 $T$（K）の関係は

$$T = t + 273.15 \tag{9.1}$$

である．絶対零度 0 K は $-273.15$℃ であり（1.4 節参照），熱運動が

温度は状態量で「熱運動の激しさ」

完全にない状態である．熱力学の様々な法則では，熱運動を基準としたこの絶対温度が用いられる．

### 9.1.4 熱量の単位

> 熱は物理量で「移動した熱運動のエネルギー」

熱とは「物体間を移動する熱運動のエネルギー」であり，熱の量を**熱量**（heat quantity）という．旧来，水 1 g の温度を 1°C 上げるのに必要な温度を 1 カロリー（記号 cal）と定められたが，物理では主にジュール（記号 J）が用いられる．

$$1 \text{ cal} = 4.184 \text{ J}$$

> 熱の仕事当量
> 1 cal ～ 4.2 J

この 1 カロリーに対する仕事の量を**熱の仕事当量**（work equivalent of heat）と呼ぶ（科学史コラム 9）．

### 9.1.5 比熱と熱容量

単位質量（1 g）の物体の温度を 1°C（1 K）上げる熱量を**比熱**（specific heat）と呼ぶ．単位は J/(g·K) の他に cal/(g·K) も用いられ，水の比熱は 4.2 J/(g·K) = 1.0 cal/(g·K) である．一方，銅は 0.38 J/(g·K)，鉄は 0.44 J/(g·K)，アルミニウムは 0.88 J/(g·K) であり，特に水の比熱が大きいことがわかる．分子量 1 mol の物質の比熱は特に**モル比熱**（mole specific heat）と呼ばれる．

この比熱 $c$[J/(g·K)] と質量 $m$[g] と比熱の積を用いて，**熱容量**（heat capacity）$C$[J/K] を定義できる．

$$C = mc \tag{9.2}$$

> 熱量＝熱容量×温度変化
> 熱容量＝質量×比熱

したがって，質量 $m$ の物体に加えた**熱量**（heat quantity）$Q$[J] と物体の温度変化 $\Delta T$[K] との関係は

$$Q = mc\Delta T = C\Delta T \tag{9.3}$$

である．

### 9.1.6 熱量の保存

温度の異なる物質を接触させると暖かい方から冷たい方へ熱が移動して，温度が等しくなったところで熱の移動が止まる．この状態を**熱平衡**（thermal equilibrium）という．高温の物体が失った熱量は，低温の物体が得た熱量に等しい，これを**熱量保存の法則**（conservation law of heat quantity）という．

熱容量 $C_1$ で温度 $T_1$ の物体と熱容量 $C_2$ で温度 $T_2$ の物質を混ぜ合わせた場合の温度を $T$ とすると，混ぜた物体の熱容量は $C_1 + C_2$ であり，絶対温度を基準とした熱量は $Q_1 = C_1 T_1$, $Q_2 = C_2 T_2$, $Q = (C_1 + C_2)T$ であるので，熱量保存の法則 $Q = Q_1 + Q_2$ から，熱平衡の温度は

$$T = \frac{C_1 T_1 + C_2 T_2}{C_1 + C_2} \tag{9.4}$$

となる．

> 例題 9.1　20℃ の水 80 g に 60℃ の水 20 g を加えると，何度になるか．
> 　　　　　　　　　　　　　　　　　　　　　　　　　（答：28℃）

## 9.2　理想気体の状態方程式

気体を構成する分子や原子は自由に運動し，その大きさや分子間力などの相互作用がないとした理想的な場合の気体を**理想気体**（ideal gas）と呼ぶ．理想気体に関する現象論的な熱力学として以下の 2 つの法則が提案され，理想気体の状態方程式が提案された．

### 9.2.1　ボイルの法則

加わっている圧力が小さいときには体積が大きいが，圧力を増すと体積を小さくできる．これは**ボイルの法則**（Boyle's law）として
「温度 $T$ が一定のとき，気体の圧力 $p$ は体積 $V$ に反比例する」

$$pV = 一定 \tag{9.5}$$

と表すことができる（図 9.2）．

### 9.2.2　シャルルの法則

圧力を一定にして，温度を上昇させると，気体は膨張する．これは**シャルルの法則**（Charles's law）と呼ばれ，
「圧力 $p$ が一定のとき，体積 $V$ は絶対温度 $T$ に比例する」

$$\frac{V}{T} = 一定 \tag{9.6}$$

である（図 9.3）．

### 9.2.3　理想気体の状態方程式

以上の 2 つの法則を統合し，**ボイル・シャルルの法則**（Boyle-Charles's law）として

$$\frac{pV}{T} = 一定 \tag{9.7}$$

と書くことができる．一般的に，同圧力，同体積，同温度の気体には同数の分子が含まれている．これを**アボガドロの法則**（Avogadro's law）という．分子数は非常に大きな数字になるので，12 g の炭素 12 に含まれている原子数（$6.022 \times 10^{23}$ 個）の質量を 1 モル（記号 mol）と定義する．モルは物質量と呼び，$6.022 \times 10^{23}$/mol は**アボガドロ定数**（Avogadro constant）である．0℃（= 273.15 K），1 atm（= $1.013 \times 10^5$ Pa）の標準状態では 1 mol あたりの気体の体積は 22.4 $\ell$ である．

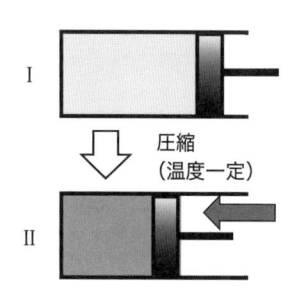

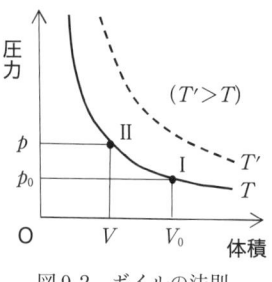

図 9.2　ボイルの法則

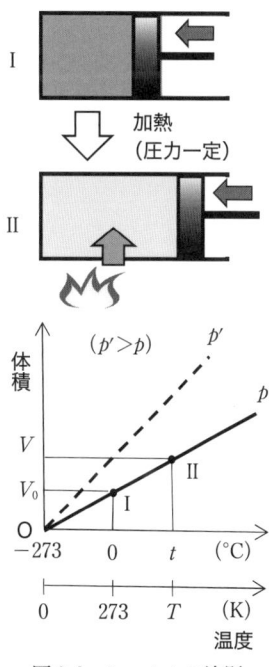

図 9.3　シャルルの法則

したがって，(9.7) 式の比例定数を**気体定数**（gas constant）として

$$\frac{p_0 V_0}{T_0} = \frac{1.013 \times 10^5 \times 22.4 \times 10^{-3}}{273.15}$$

であり

$$R = 8.31 \text{ J/(mol·K)}$$

で定義できる．したがって，理想気体の分子数を $N$[mol] として，

$$pV = NRT \tag{9.8}$$

と書ける．これを**理想気体の状態方程式**（equation of state of ideal gas）という．

気体定数
$R = 8.31$ J/(mol·K)

> 例題 9.2 窒素分子は 1 mol は 28 g である．窒素気体 56 g は，温度 27°C で圧力 1 atm（1 atm = 1.013×10⁵ Pa）のとき，体積はどれだけか？ （答：$V = \frac{NRT}{p} = 2 \times 8.31 \times \frac{273+27}{1.013 \times 10^5} = 5.0 \times 10^{-2}$ m³）

## 9.3 エネルギー保存の法則

### 9.3.1 熱力学第 0 法則

　熱力学の法則は第 0 法則から第 3 法則までの 4 つの法則にまとめられる．3 体間熱平衡の法則は**熱力学第 0 法則**（zeroth law of thermodynamics）と呼ばれ，「A と B が熱平衡で B と C が熱平衡の場合には，A と C も熱平衡である」である．

### 9.3.2 熱力学第 1 法則

　**熱力学第 1 法則**（first law of thermodynamics）はエネルギー保存の法則であり，「系のエネルギー変化は，系が外界から受け取るエネルギーに等しい」と書ける．系の内部エネルギーの変化量を $\Delta U$[J]，系に与えた熱量を $Q$[J] として系にした仕事を $W_{in}$[J] とすると

$$\Delta U = Q + W_{in} \tag{9.9}$$

と書くことができる．ここで，内部エネルギーとは，原子や分子の熱運動のエネルギーの総和を示している．この法則から，エネルギー保存則を破る**第 1 種永久機関**（perpetual motion machine of the first kind）が不可能であることが言える．

　図 9.4 にあるように，気体が外部にした仕事を $W_{out}$[J] と書くと，$W_{out} = -W_{in}$ であり，

$$Q = \Delta U + W_{out} \tag{9.10}$$

と書くこともできる．仕事 $W_{out}$[J] は，一定の圧力 $P$[N/m²] が断面積 $S$[m²] にかかり力 $F = pS$ が加わって長さ $\Delta L$[m] だけ膨張したとすると，$W_{out} = F\Delta L = p\Delta V$ であり

$$Q = \Delta U + p\Delta V \tag{9.11}$$

である．ここで体積変化分は $\Delta V = S\Delta L$ である．

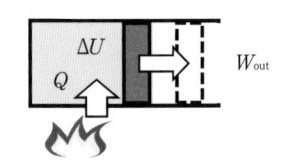

図 9.4 熱力学第 1 法則（エネルギーの保存）$Q = \Delta U + W_{out}$

### 9.3.3 エンタルピー（全エネルギー）

全熱エネルギーを表すのに，**エンタルピー**（enthalpy）$H$[J] を導入する．

$$H = U + pV \tag{9.12}$$

等圧変化では，入力熱量 $Q$[J] は熱力学第 1 法則の式（9.11）より

$$Q = \Delta H$$

となる．$\Delta H > 0$ の場合には吸熱反応，$\Delta H < 0$ で発熱反応である．

> 例題 9.3 系に加えられた熱量と，系の内部エネルギーの変化，系の外部への仕事，との関係を述べよ．（答：熱力学第 1 法則より，加えられた熱量は内部エネルギーの変化と外部への仕事との和に等しい）

## 9.4 エントロピー増大の法則

### 9.4.1 熱力学第 2 法則

高温の物体と低温の物体を接触させておくと，熱は自然に高温の物体から低温の物体に移動するが，低温の物体からひとりでに高温の物体に移動することはない．水に垂らしたインクの粒子は自然に拡散するが，拡散してしまったインクの液がひとりでに集まってくることはない．これらは秩序ある状態から無秩序の状態への**不可逆変化**（irreversible change）の一例である．

この不可逆変化に対して，**熱力学第 2 法則**（second law of thermodynamics）は以下のように様々な形で表される．

- ケルビン卿（トムソン）の原理：「一様な温度を持つ物体から高温の熱を取り出し仕事に変換するだけで，それ以外に何の変化も残さない過程は実現不可能である」．
- クラウジウスの原理：「低温の物体から高温の物体に熱を移すだけで，それ以外に何の変化も残さない過程は実現不可能である」．
- オストワルドの原理：「熱をすべて仕事に変換して動き続ける機関は実現不可能である」．

この実現不可能な機関は**第 2 種永久機関**（perpetual motion machine of the second kind）と呼ばれている．

### 9.4.2 エントロピーの増大

また，熱力学第 2 法則は**エントロピー増大の法則**（law of entropy increase）とも呼ばれ，「孤立した断熱系ではエントロピーは必ず増大する」と言える（図 9.5）．ここで，**エントロピー**（entropy）の定義として，温度 $T$[K] の系に熱量 $Q$[J] が加わった場合のエントロピー増加

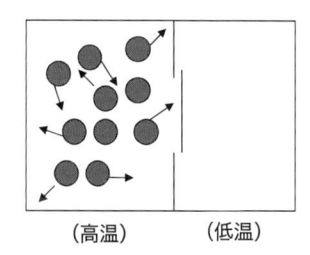

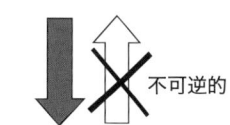

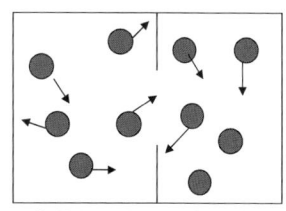

図 9.5 熱力学第 2 法則（エントロピー増大の法則）
「熱力学的な時間の矢」が一方向であり，エントロピー（乱雑さの度合い）が常に増加する

分 $\Delta S$[J/K] を

$$\Delta S = \frac{Q}{T} \tag{9.13}$$

とする．状態 A から状態 B へのエントロピーの変化部分を積分形で

$$\Delta S = S(B) - S(A) = \int_A^B \frac{dQ}{T} \tag{9.14}$$

として，可逆過程では $\Delta S=0$，非可逆過程では $\Delta S>0$ である．エントロピーの増加は物質の原子や分子の運動が乱雑な方向に進むことに基づいている．

温度 $T_1$[K] の高温の系に $Q_1$[J] の熱量を入れ，温度 $T_2$[K] の低温の系から $Q_2$[J] の熱量を取り出す場合には，系全体のエントロピーの変化は

$$\Delta S = \frac{Q_1}{T_1} - \frac{Q_2}{T_2} \tag{9.15}$$

である．

系のエネルギー，体積，温度，粒子数などの巨視的状態量が与えられたときの可能な微視的状態数を $W$，ボルツマン定数を $k_B$[J/K] とすると，エントロピー $S$[J/K] は自然対数を用いて

$$S = k_B \ln W \tag{9.16}$$

と書ける．これはボルツマンにより明らかにされた式であり，ウィーンにある彼の墓石にもこの式が刻まれている．

エントロピーの単位
J/K

### 9.4.3 熱力学第3法則

熱力学第3法則は**ネルンストの熱定理**（Nernst heat theorem）とも呼ばれ，エントロピーの基準値を定める法則でもある．「絶対ゼロ度の系のエントロピーは常にゼロ」であり，

$$S(T=0K) = 0 \tag{9.17}$$

と定式化できる．

> 例題9.4　ある気体に熱量 $\Delta Q$(J) を加えると温度が $t$（℃）で一定に保たれて膨張した．この場合の気体のエントロピーの増加分 $\Delta S$（単位：J/K）はいくらか．（答：$\Delta S = \frac{\Delta Q}{t+273.15}$）

## 9.5　熱機関のサイクル

### 9.5.1　熱機関の原理

熱を仕事に変える装置を**熱機関**（heat engine）という．蒸気機関や蒸気タービンなどがある．熱機関は高温部分から熱量 $Q_1$[J] を取り出し熱量 $Q_2$[J] を排出することで，仕事 $W$[J] として利用することができる（図9.6）．熱機関としては「圧縮→加熱→膨張→冷却→圧縮…」

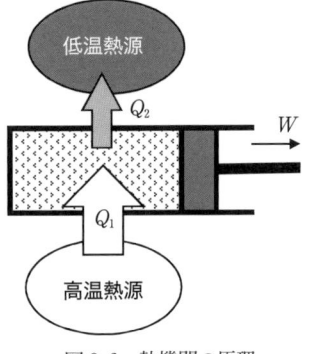

図9.6　熱機関の原理

のサイクルを描く．サイクルでは，断熱，等温，等積のいずれかのプロセスである．その場合の熱機関の効率，すなわち，**熱効率**（thermal efficiency）$\eta$ は，

$$\eta = \frac{W}{Q_1} = \frac{Q_1 - Q_2}{Q_1} \tag{9.18}$$

で定義される（図9.6）．

### 9.5.2 理想のサイクル：カルノーサイクル

熱機関のサイクルは，$p-V$（圧力－体積）線図や $T-S$（温度－エントロピー）線図で表される．図9.7は熱機関としての最高効率が得られる**カルノーサイクル**（Carnot cycle）である．2つの等温変化（圧縮と膨張）と2つの等エントロピー（断熱）変化（圧縮と膨張）の4つの準静的なプロセスから成り立っており，$T-S$ 線図では四角の軌道を描くことになる．このサイクルのエントロピー変化は，断熱過程でゼロであり，等温膨張で $\Delta S_H = \frac{Q_H}{T_H}$ で，等温圧縮では $\Delta S_L = -\frac{Q_L}{T_L}$ なので，全体としてのエントロピー変化 $\Delta S$(J/K) は $\Delta S = \Delta S_H + \Delta S_L \geq 0$ より $\frac{Q_L}{Q_H} \geq \frac{T_L}{T_H}$ となり

$$\eta = \frac{Q_H - Q_L}{Q_H} \leq \frac{T_H - T_L}{T_H} \tag{9.19}$$

である．熱効率の最大値は低温と高温との温度差の比で決まり，これを**カルノー効率**（Carnot efficiency）という．例えば，高温部を300℃（573.15 K）の蒸気として，低温部を100℃（373.15 K）とすると理想効率は35％となる．高温部を500℃まで上げると52％となり，高温化の技術開発により効率を向上させることができる．

### 9.5.3 様々な熱サイクル

熱機関のサイクルは，ガスを利用する方式と蒸気を利用する方式に分類できる．具体的な熱サイクルは，考案者の名前を付けて呼ばれる．
ガスタービンサイクルは「ブレイトンサイクル」，火花点火ガスエンジンのサイクルは「オットーサイクル」，圧縮着火内燃機関の「ディーゼルサイクル」や，火力発電や原子力発電の蒸気タービンの「ランキンサイクル」，さらには，カルノー効率になるべく近付ける「スターリングサイクル」などがある．

> **例題9.5** 理想的な効率を持つ準静的な熱機関サイクルは何サイクルと呼ばれるか．また，その場合の，高温熱源の温度 $t_H$(℃) と低温熱源の温度 $t_L$(℃) での効率は何パーセントか．
> （答：カルノーサイクル，$\frac{100(t_H - t_L)}{(t_H + 273)}$ ％）

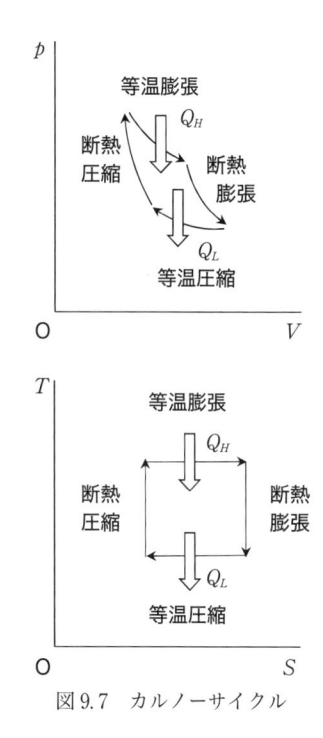

図9.7　カルノーサイクル

## 物理クイズ 9：首飾りの回転（3 択問題）

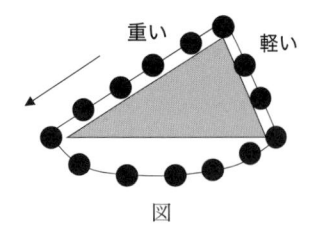

図のように鎖でつないだボールがあるとする．3角形の台の左側は右に比べて重いと考えられるので，ボールと斜面との間に摩擦が無ければ反時計回りに回転するように思われる．最初は静止しているとして，以下のどれが正しいか？
① 矢印の方向に動き始め，いつまでも動く
② 矢印の方向に動き始めるが，そのうちに止まる
③ 動かない

図

## 映画の中の物理 9：華氏温度と自然発火温度（映画『華氏 451』）

海外旅行へ行くと欧米では温度を力氏で表示されている場合が多い．**力氏（華氏）温度**は体温（37.8℃）を 100，想定された最低外気温度（−17.8℃）を 0 としてドイツ人のファーレンハイト（華倫海特）により定められた．彼の体温は正確には 37℃であったとされる．これは生活環境温度に力点をおいた温度目盛である．水の氷点は 32°F であり，沸点は 212°F である．力氏温度 $F$ [°F] とセ氏（摂氏）温度 $C$ [℃] の相互の関係は

$$C = \frac{5}{9}(F-32), \quad F = \frac{9}{5}C + 32$$

であるが，より簡便な方法として，気温 0〜30℃（30〜90°F）の範囲ならば

$$C \sim \frac{1}{2}(F-30)$$

で概算できるので，覚えておくと便利である．

英国 SF 映画『華氏 451』（1966 年）は，本の所持が禁じられている統制社会が描かれている．主人公は本の魅力に目覚め，粛清を逃れて本を完全に暗記し思想を伝承している部落にのがれる．力氏 451 度（セ氏約 233 度）は本の素材である紙が燃え始める温度としている．この映画の題名を模倣して，9.11 の同時多発テロのドキュメンタリー映画『華氏 911』（2004 年）では自由が燃える温度と銘打っている．ちなみに『理科年表』（国立天文台編）によれば，木材の自然発火点は 250〜260℃，新聞紙では 291℃である．

図　焚書の統制未来社会

## 第9章　演習問題

**9-1** 熱力学の4つの法則の内容を簡潔に述べよ．

**9-2** 5 g の水の温度を 2℃ 上げるのに何 cal の熱量が必要か．これは何 J に相当するか．

**9-3** 以下の理論上の最高の熱効率を求めよ．
(1) 高温熱源 600℃，低温熱源 25℃ の火力発電
(2) 地熱の蒸気 120℃，低温熱源 25℃ の地熱発電
(3) 表層海水の温度 26℃，深層海水の温度 7℃ での海洋温度差発電

**9-4** 100℃ の高温熱源が 100 kJ の熱量を排出し，50℃ の低温源がその熱量を受け取った場合，系全体のエントロピーの増加はいくらか．

**9-5** 理想気体での定圧モル比熱 $C_p$ と定積モル比熱 $C_V$ の関係式 $C_p - C_V = R$（マイヤーの関係式）を導け．

### 科学史コラム 9：熱素と分子運動のエネルギー

かつては，熱があるのは熱の基本物質としての**熱素（カロリック）**があるからであると信じられていた．燃焼を酸素との化学反応であるとして，**燃素（フロギストン）**説を打破したアントワーヌ・ラボアジェ（1743-1794 年，フランス）も熱素説は疑わなかったとされている．実際に，カロリックの考えで，温度変化を容易に計算することができ，熱量保存の法則を理解しやすいからである．しかし，矛盾も指摘されていた．物体をこするとカロリックが物体からにじみ出てくるから熱くなると考えられていたが，こすり続けるといつまでもカロリックが出続けて，重さが軽くなることになり不合理であった．熱は物質粒子ではなく，分子運動によるエネルギーなのである．

熱はエネルギーの一形態であることが，ロベルト・フォン・マイヤー（1814-1878 年，ドイツ）の理論とジェームズ・ジュール（1818-1889 年，イギリス）の実験で実証された．マイヤーは船医としてインドネシアに赴いたときに，熱帯の人の血液が寒帯の人よりも赤く，酸素の代謝が少なくすむことに気がつき，熱と筋肉の運動と食物の代謝が等価であることを指摘した．一方，ジュールは熱の仕事当量（1 cal〜4.2 J）の測定実験を行い，力学と熱とのエネルギー保存則を明らかにした．

物理クイズ 9 の答　③
（解説）斜面方向に力を分割して考えると，力がつり合っていて動かないことがわかる．オランダの数学・物理学者にちなみ，「ステヴィンの無限鎖」と呼ばれる実現不可能な永久機関である．

# 第10章 振動・波動

キーワード
10.1 振動，波動，縦波，横波，波長，周期，周波数，振幅，位相
10.2 ホイヘンスの原理，素源波，反射，屈折，屈折率，絶対屈折率，全反射，臨界角，フェルマーの原理，干渉，波の重ね合わせの原理，定在波，回折
10.3 音の3要素，周波数，振幅，波形，デシベル，オクターブ，音速，超音波
10.4 可視光線，光速，電磁波，レーザー，コヒーレント
10.5 ドップラー効果，衝撃波

## 10.1 波の基本特性

### 10.1.1 縦波と横波

静かな池に小石を落とすと水面の波が同心円状に広がっていく．水面に浮かぶ木葉は上下運動を行うが（正確には円または横長楕円運動），それを通り越して波は広がっていく．水自体は上下方向に運動するだけであり進まない（振動と呼ぶ）が，波は進んでいく．水平に置かれたつるまきばねの場合には，ばね自身は各点で水平に振動するが，波は水平方向に進む．

振動 (oscillation) はその場での運動であり，隣から隣へとその振動が伝わっていく．これを**波**，あるいは，**波動** (wave) と呼ぶ．水面波の場合には水が，音波の場合には音が波を伝える**媒質** (medium) であり，振動が引き起こされる場所は**波源** (source of wave) と呼ばれる．

ばねの場合には，波が伝わる軸方向に対して，振動も縦方向（軸方向）であり，**縦波** (longitudinal wave) と呼ばれる（図 10.1 (a)）．縦波は媒質の中を疎密状態が伝播するので**疎密波** (compressional wave) とも呼ばれる．一方，紐の波の場合には，波が進む方向（水平）に対して振動の方向（上下）は横方向である（図 10.1 (b)）．これを**横波** (transverse wave) と呼ぶ．縦波は固体内部や液体・気体中でも伝わるが，横ずれに対する復元力がない液体や気体では横波は伝わらない．

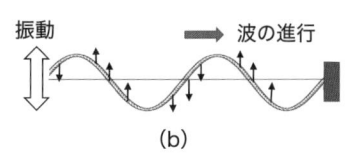

図 10.1 縦波 (a) と横波 (b) の振動

水面の波は，純粋な横波でも縦波でもない．
水面では円運動または横長楕円運動となり，水底では往復直線運動となる．

例題 10.1-1 縦波と横波の例を各々2つあげよ．
（答：〈縦波〉音波，つるまきばねの往復方向運動，地震のP (primary) 波，〈横波〉紐の波伝播，地震のS (secondary) 波，光波，電磁波）

## 10.1.2 波の波長と周期

波を記述するには，**波長**（wave length）$\lambda$[m] と**周期**（period）$T$[s]，または，**角周波数**（angular frequency）$\omega$[rad/s] と**波数**（wave number）$k$[1/m]，あるいは，**周波数**（frequency）$f$[1/s または Hz] と波長の逆数としての単位距離あたりの波の数 $n$[1/m] が用いられる（図 10.2）．

$$\omega = \frac{2\pi}{T} = 2\pi f \tag{10.1}$$

$$k = \frac{2\pi}{\lambda} = 2\pi n \tag{10.2}$$

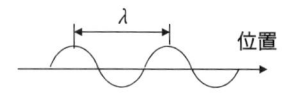

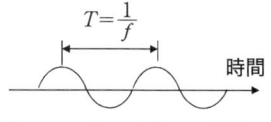

図 10.2 波の波長 $\lambda$ と周期 $T$

## 10.1.3 波の表示法

正弦波の場合には

$$y = A \sin(kx - \omega t + \delta) = A \sin\left[2\pi\left(\frac{x}{\lambda} - \frac{t}{T}\right) + \delta\right] \tag{10.3}$$

と書く．$A$ は**振幅**（amplitude）であり，$\delta$ は**初期位相**（initial phase）である．

波は一般的に様々な正弦波などの重ね合わせで表現できる．変位 $y$ を変位 $y_i$ の正弦波などの重ね合わせとして

$y = \sum y_i$

$y_i = A_{si} \sin(k_i x - \omega_i t) + A_{ci} \cos(k_i x - \omega_i t) = A_i \sin(k_i x - \omega_i t + \delta_i)$

と書く．これをフーリエ級数展開という．

## 10.1.4 位相速度と群速度

波の速さ $v$[m/s] は

$$v = \frac{\omega}{k} = \frac{\lambda}{T} = \lambda f \tag{10.4}$$

$v = f\lambda$
（速さ＝周波数×波長）

である．これは波の位相が同じとなる速度であり**位相速度**（phase velocity）と呼ぶ．すなわち，$x - \omega t$ が時間的に同じとして，$\frac{\Delta(kx - \omega t)}{\Delta t} = 0$ より $v_{ph} = \frac{\Delta x}{\Delta t} = \frac{\omega}{k}$ となる．真空中の光の位相速度は $\frac{\omega}{k} = c$（光速）であり，空気中の音波の速度は $\frac{\omega}{k} = C_s$（音速）である．

一方，情報伝達としての速度は，**群速度**（group velocity）と呼ばれ，

$$v_g = \frac{d\omega}{dk} \tag{10.5}$$

であり，光速を超えることはない．

> 例題 10.1-2　周期 2.0 s，振幅 0.3 m で単振動しているばね振動がある．重りがつり合いの位置を上向きに通過する時刻を $t=0$s として，時刻 $t$[s] における位置 $y$[m] の式を示せ．　　（答：$y = 0.3 \sin \pi t$）

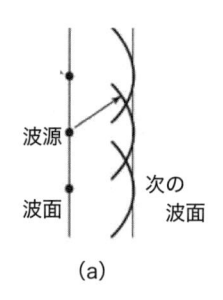

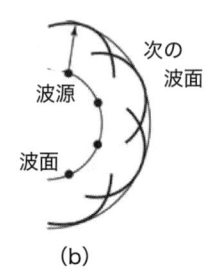

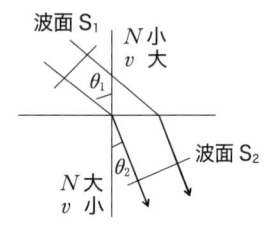

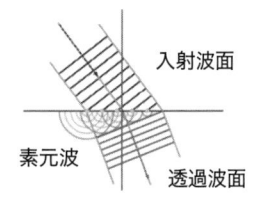

## 10.2 波の伝播の原理と反射・屈折の法則

### 10.2.1 ホイヘンスの原理

空間を伝わる波の位相の等しい点をつないだ面を**波面**（wave front）と呼ぶ．波面が球面であれば球面波，平面であれば平面波という．波の伝わり方は，オランダの物理学者クリスチャン・ホイヘンス（1629-1695）による以下の**ホイヘンスの原理**（Huygens' principle）で表される．

「ある瞬間に波面がある場合，波面の各点にある波源を中心に波（これを**素元波**（elementary wave）という）が広がる．この広がる素元波の共通面（包絡面）が次の波面となる（図10.3）」

この原理から，波の反射や屈折の法則を導き出すことができる．

### 10.2.2 波の反射と屈折

#### (i) 反射の法則

波が反射境界面に入射したとき，「反射境界面の法線，入射線，反射線は同じ平面にあり，反射角は入射角に等しい．」これが**反射の法則**（law of reflection）である．

#### (ii) 屈折の法則

媒質1から媒質2へ波が入射する場合を考える．「透過境界面の法線，入射線，透過線は同じ平面にあり，入射角 $\theta_1$ の正弦 $\sin\theta_1$ と透過角 $\theta_2$ の正弦 $\sin\theta_2$ の比 $\dfrac{\sin\theta_1}{\sin\theta_2}$ は入射角によらず一定である．」これは**屈折の法則**（law of refraction）と呼ばれており，**スネルの法則**（Snell's law）ともいう．入射波と反射波を比べると，波の速さ $v_1, v_2$ と波長 $\lambda_1, \lambda_2$ は変化するが，振動数は一定（$f_1 = f_2 = f$）であり，

$$n_{1\to 2} = \frac{\sin\theta_1}{\sin\theta_2} = \frac{v_1}{v_2} = \frac{\lambda_1}{\lambda_2} \tag{10.6}$$

と書ける．ここで，$n_{1\to 2}$ を媒質1から媒質2への**屈折率**（refractive index）**（相対屈折率）**という．この波の屈折の現象は，素元波を用いたホイヘンスの原理から導くことができる．図10.4のように，透過境界面に達した平面波からの素源波の速さは物質2では小さくなるので，波が屈折することがわかる．

光の場合には，真空中の光速度 $c$ を媒質中の光速度 $v$ で割った量を**絶対屈折率**（absolute refractive index）として定義し $N$ とすると

$$N = \frac{c}{v} \tag{10.7}$$

である．絶対屈折率は真空中を伝播できる電磁波のみについて定義される．屈折率 $N_1$ の媒質1から屈折率 $N_2$ の媒質2へ光が入射する場合には，入射角を $\theta_1$，反射角を $\theta_2$，それぞれの位相速度を $v_1, v_2$ とする

と，以下の関係が成り立つ．

$$n_{1\to 2}=\frac{\sin\theta_1}{\sin\theta_2}=\frac{v_1}{v_2}=\frac{N_2}{N_1} \tag{10.8}$$

#### (iii) 全反射と臨界角

屈折率の大きい物質から屈折率の小さい物質へ波が入射されるとき，入射角を大きくしていくと境界面を透過せずにすべて反射される場合がある（図10.5）．これを**全反射**（total reflection）という．全反射が起こる限界の角度を**臨界角**（critical angle）$\theta_c$ とすると，屈折率 $N_H$ の媒質から屈折率 $N_L$ の媒質へ波が入射されたとして，$N_H>N_L$ の場合に，

$$\sin\theta_c=\frac{N_L}{N_H} \tag{10.9}$$

である．全反射は水中から斜めに水面を見たときに起こる現象であり，光ファイバーのコア（屈折率大）とクラッド（屈折率小）の屈折率の違いによる効率的な光の伝送にもこの現象が利用されている．

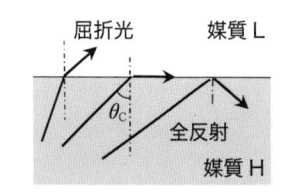

図 10.5 波の全反射と臨界角

### 10.2.3 変分原理とフェルマーの原理

物理学では，「ある物理量の積分の値が極小になるような運動が実現する」という様々な**変分原理**（variational principle）があり，幾何光学では「光は最短時間（極小時間）で進む軌道をとる」という**フェルマーの原理**（Fermat's principle, 1661 年）がある．この原理から直進，反射の法則は容易に導かれる．屈折のスネルの法則も導出できる．図 10.6 において点 P から Q まで光が届くときに点 A を通る点が時間的に極小とすると，近傍の点 A′ を通る場合も同じであることになる．光速と屈折率（絶対屈折率）の関係式 $v=\frac{c}{N}$ と，AB′の時間 $\frac{d\sin\theta_2}{v_2}$ と BA′の時間 $\frac{d\sin\theta_1}{v_1}$ が等しいことから

$$\frac{\sin\theta_1}{\sin\theta_2}=\frac{v_1}{v_2}=\frac{N_2}{N_1} \tag{10.10}$$

が得られる．

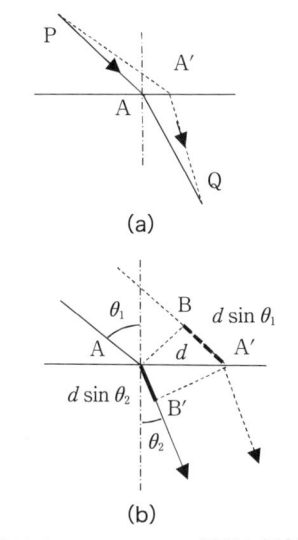

図 10.6 フェルマーの原理と屈折の法則（b）は拡大図

### 10.2.4 波の重ね合わせの原理

左側からの波と右側からの波とをぶつけると，お互いに波はすり抜けていく．途中には，山と山が重なり大きな山となったり，山と谷が重なり平らになったりし，波の変位の足し合わせで理解することができる．この現象を**波の重ね合わせの原理**（principle of superposition of waves）と呼ぶ．

### 10.2.5 波の干渉

水面に 2 つの石を投げ込むと，2 つの同心円の波が立つ．波同士が

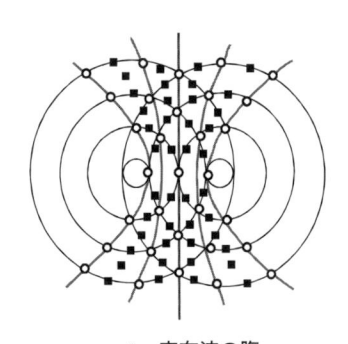

図 10.7　2 つの波の干渉

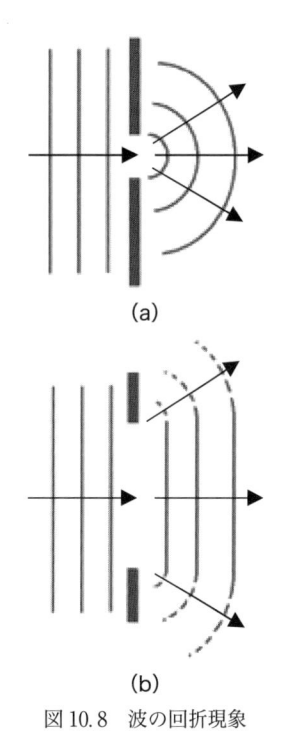

重なり合うと，波の重ね合わせの原理により，大きな山の部分と大きな谷の部分ができ新しい波面ができることになる．これを**波の干渉**（interference of waves）という．波がその場で振動していて動かない場合を**定在波**（syanding wave）というが，振幅が常にゼロの位置を**定在波の節**（node），振幅が最大になるところを**定在波の腹**（anti-node）というが，図 10.7 の 2 つの進行波から新しい定在波が生まれることがわかる．

　光が波であることは，ヤングによる複スリットによる干渉実験で証明された．一方，光が粒子であることは，アインシュタインの光電効果で実証された．現代物理学では，光は波であると同時に粒子であることが理解されている（科学史コラム 10）．

### 10.2.6　波の回折

　平面波が伝播する場合，波の波長がスリット幅より長いと，直線だった波面がスリットを通過するときに，素元波からの包絡面が円形になり，スリットを通過した後は波面が円形波に変わる（図 10.8 (a)）．波の波長がスリット幅より短い場合でも，端でスリットの裏側に回り込む（図 10.8 (b)）．このように，障害物の背後に波が回り込む現象を**回折**（diffraction）という．物かげで音を発したときに音は聞こえるが姿が見えないのは音の回折現象に関連している．可視光の波長は $4 \sim 7 \times 10^{-7}$ m 程度であり非常に短いが，可聴音の周波数は 20 Hz～20 kHz なので波長は 1.7 cm～17 m 程度の長さであるために起こる回折現象である．高速道路の防音壁は，走行自動車からの比較的高周波で短波長の騒音に対する遮蔽や回折効果を考えて設計されている．

> 例題 10.2　冬の晴れた夜には遠くの鐘の音や電車の音がよく聞こえる．音の屈折でその現象を説明せよ．
> 　（答：日中は上空ほど気温が低く屈折率が増すので音波は上方へ曲がる．一方，夜間は逆に地上ほど気温が低く，音波は下方へ曲がり障害物を超えて音が聞こえやすくなる）

図 10.8　波の回折現象

## 10.3　音と超音波

### 10.3.1　音の 3 要素と音速

　音には 3 つの要素がある．音の「高低」，「強弱」，「音色」であり，**音の 3 要素**（three elements of sound）という．それぞれ波の「周波数」，「振幅」，「波形」に対応している．

## (i) デシベル

音の強弱のレベルを単位ベル（記号 B）に $\frac{1}{10}$ の接頭語デシを付けた**デシベル**（decibel, 記号 dB）単位で測られる．これは，人間の知覚量が信号の大きさの対数に比例するからである．B（ベル）は桁数を表しており，常用対数で定義する．電力や音響パワーでは

$$音量 (dB) = 10 \log_{10} \frac{対象のパワー値}{基準パワー値} \tag{10.11}$$

であるが，電力や音響パワーは電圧，電流，音圧の2乗に比例するので

$$音量 (dB) = 20 \log_{10} \frac{対象の音圧}{基準音圧} \tag{10.12}$$

である．基準音圧は人間の聞こえる最低の音圧を $20\,\mu\text{Pa} = 2 \times 10^{-5}\,\text{N/m}^2$ として，0 dB がそれに相当する．おおよそ，木の葉の触れ合う音が 20 dB で，図書館での音の大きさが 40 デシベル，普通の会話が 60 デシベル，そして，地下鉄の車内が 80 デシベル（0 dB の $10^4$ 倍の音圧），とされている．

**ウェーバーの法則**
信号の大きさが $A$ のとき，$\Delta A$ の増加分が認識できた場合には，$\frac{\Delta A}{A} =$ 一定である．

**フェフィナーの法則**
信号の大きさを $A$ として，知覚量は対数 $\log A$ に比例する．

## (ii) オクターブ

周波数が2倍，または $\frac{1}{2}$ の音は，人間の感覚として同じ音に聞こえるので，周波数比が 2:1 の音を西洋の七音音階（5つの全音と2つの半音）での「8度の音程」として単位**オクターブ**（octave）が用いられる．例えば，ハ長調のド（262 Hz）からド（523 Hz）を6等分してドレミが規定される．1オクターブ上がるごとにピアノの弦の長さが半分になるので，グランドピアノの形も N オクターブの鍵盤に対して指数関数的な $\frac{1}{2^N}$ の長さで規定されている．

### 10.3.2 音速

音の速さは 15°C で約 340 m/s（$=1.2\times10^3$ km/h）である．これは気温の上昇に伴い大きくなり，温度 $T(\text{K}) = t(°\text{C}) + 273.15$ の乾燥空気では**音速**（sound speed）$c_s$ は

$$c_s[\text{m/s}] = 20.055 \times \sqrt{T[\text{K}]} \sim 331.5 + 0.6t[°\text{C}] \tag{10.13}$$

である．また，気体よりも液体（水中 1500 m/s），さらに固体（氷中 3200 m/s）のほうが音速が大きくなる．

### 10.3.3 超音波

音には人間の耳では聞くことができない低周波の音や高周波の音がある．一般に**可聴周波数**（audio frequency）は 20 Hz から 20 kHz であり，20 kHz 以上の音を**超音波**（ultrasonic wave）という．

超音波は指向性が高く，様々な通信・探知，計測・診断に用いられ，

洗浄や溶着・溶接などにも用いられている．特に，超音波を対象物にあててその反響（エコー）を診断する超音波診断装置は，胎児診断などで医療の現場に欠かせない装置となっている．

> 例題 10.3　500 Hz の振動数の音が，20℃ の部屋で伝播するとき，波の速さと波長はどれだけか？　　　（答：速度 343.5 m/s，波長 0.687 m）

## 10.4　光とレーザー

### 10.4.1　光の速さ

光は電磁波であり横波である．圧縮波である音波と異なり，光は真空中でも伝播する．光の速さはおよそ毎秒 30 万キロメートルであり，1 秒間に地球をほぼ 7 回半回る速さである．真空中の**光速**（speed of light）$c$ は長さの単位メートルを定めるために用いられていて，数値 9 桁の

$$c = 2.99792458 \times 10^8 \text{ m/s} \tag{10.14}$$

と定義されている．

### 10.4.2　電磁波と波長

**電磁波**（electromagnetic wave）は波長（周波数）により電波，赤外線，可視光線，紫外線，X 線，γ 線に分類できる（図 10.9）．電波は，音声，長波，中波，短波，超短波，マイクロ波のように波長の長い波から短い波（周波数の小さい波から大きい波）に順に並べられる．例えば，電子レンジの電磁波はマイクロ波である．赤外線は波長領域 750 nm-1 mm（400-3 THz）で赤外線ヒーターがある．可視光線は 400-750 nm（750-400 THz）で太陽光の主要部である．紫外線の波長は 10 nm-400 nm（30,000-750 THz）であり，医療撮影に用いられる X 線，そしてガンマ線がある．ここで，波長の単位として 1 nm＝$10^{-9}$ m，周波数の単位として 1 THz＝$10^{12}$ Hz＝$10^{12}$ s$^{-1}$ を用いた．

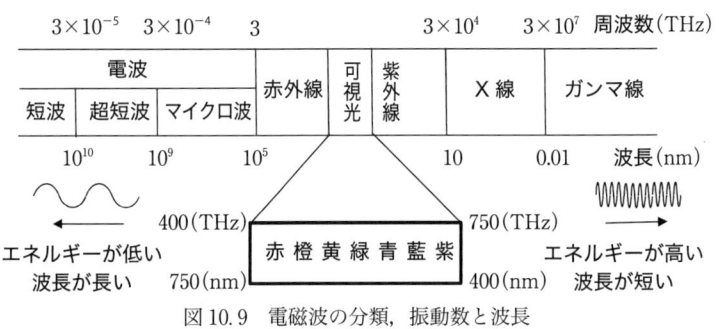

図 10.9　電磁波の分類，振動数と波長

### 10.4.3 レーザー

太陽からの光は様々な波長の波が集まった電磁波である．波の位相もそろっていない．白熱電球でも同じであり，指向性もよくない．単波長で位相のそろった指向性のよい光を**レーザー**（LASER：Light Amplification by Stimulated Emission of Radiation）と呼ぶ．

光はエネルギーを持った光子の流れである．光子は波と粒子の両方の性質を持っている（科学史コラム10）．一般の電球では光子の流れはばらばらであるが，図10.10に示したように，エネルギー（周波数または波長），位相，方向がそろった光子の流れがレーザーである．波の山と谷がすべてそろっていること（位相がそろっている事）を**コヒーレント**（coherent）であると呼ぶ．

光の発生は，電子が高いエネルギーの軌道から低いエネルギーの軌道に落ちるときにそのエネルギー差の光子を放出する**自然放出**（spontaneous emission）によるが，自然放出に相当する光を入射すると，それに誘われて光を放出する場合がある．これを**誘導放出**（stimulated emission）と呼ぶ．逆に，レーザー光の吸収により，電子の軌道のエネルギーを上げることもできる．

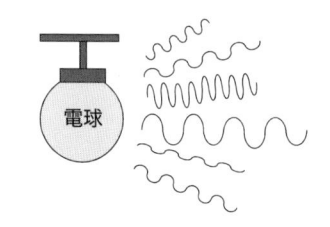

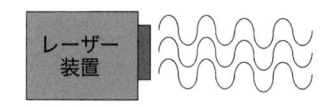

図10.10 電球光とレーザー光の比較

> 例題10.4 自然光とレーザー光の違いを述べよ．
> （答：エネルギー（周波数），位相，方向がそろった光がレーザーであり，自然光ではこの3つがばらばらである）

## 10.5 ドップラー効果

救急車が近づいてくるときにはサイレンの音は高くなり，救急車が遠ざかるときには音が低くなることはよく知られている．これは**ドップラー効果**（Doppler effect）と呼ばれる．観測者にとって音が高く聞こえるのは，音の周波数が高くなったことに相当する．オーストリアの物理学者クリスチャン・ヨハン・ドップラー（1803-1853年）により明らかにされた現象である．

振動数 $f_0$ の音源がある．音の伝わる速さを $V$ とすると，音源も観測者も静止している場合には，速さ $V$ で伝わる音の観測される音の周波数は $f_0$ であり，波の波長 $\lambda$ は $\lambda = \dfrac{V}{f_0}$ である（図10.11 (a)）．音源が速さ $v_s$ で近づいてくる場合には，時間 $t$ で音は距離 $Vt$ だけ進むが音源が $v_s t$ 近づくので，距離 $(V - v_s)t$ に $ft$ 個の波があることから音の波長 $\lambda'$ が定まる．観測される音の波長 $\lambda'$ と周波数 $f'$ の関係は $f' = \dfrac{V}{\lambda'}$ であり

$$\lambda' = \frac{V - v_s}{f_0} \tag{10.15a}$$

$$f' = f_0 \frac{V}{V - v_s} \qquad (10.15\text{b})$$

である（図 10.11（b））．音源が速さ $v_s$ で遠ざかる場合は静止した観測者にとっては

$$\lambda' = \frac{V + v_s}{f_0} \qquad (10.16\text{a})$$

$$f' = f_0 \frac{V}{V + v_s} \qquad (10.16\text{b})$$

となる．さらに，音源が速さ $v_s$ で近づき，観測者も速さ $u_0$ で音源に近づいている場合には，

$$f' = f_0 \frac{V + u_0}{V - v_s} \qquad (10.17)$$

である（演習問題 10-5）．

　波の場合には必ずこの効果があり，音の他，光（光は波と粒子の二重性を持つ，科学史コラム 10），電磁波の場合にもドップラー効果があり，遠方の星の動きの観測に利用される．

　音源が波の位相速度よりも早く移動する場合には波面が重なり合うことになり，衝撃波（shock wave）が起こることになる（図 10.11（c））．

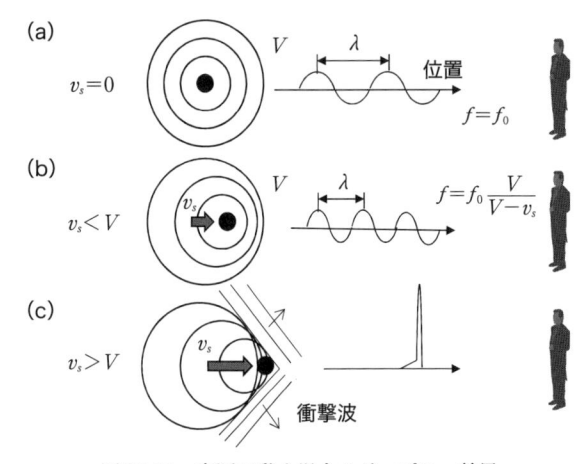

図 10.11　音源が動く場合のドップラー効果

---

**例題 10.5**　310 Hz のサイレンを流しながら，速さ 30 m/s で近づいてくる救急車がある．音の速さを 340 m/s として，静止系でのサイレンの波長と周波数を求めよ．

（答：波長 $\lambda' = \dfrac{V - v_s}{f_0} = \dfrac{340 - 30}{310} = 1.0$ m,

　　　周波数 $f' = f_0 \dfrac{V}{V - v_s} = 310 \times \dfrac{340}{340 - 30} = 340$ Hz）

## 物理クイズ10　音の高低と光の色彩の識別（3択問題）

　ヒトは，ピアノのドレミの鍵盤を同時に叩いた音についてドレミの混合であると聞き分けることができる．一方，光の場合には緑色（波長 500 nm）を認識できるが，黄色（波長 580 nm）と青色（波長 470 nm）とが同時に来た場合でも緑色に見える．音の場合と同様に，訓練すれば光の色の混合を見分けることができるか？
① 訓練すれば見分けられる
② 不可能である
③ どちらとも言えない

## 映画の中の物理 10：太陽の活動期
（映画『サンシャイン 2057』）

　太陽のエネルギーは太陽中心部での核融合反応で維持されている．そのエネルギーは，減速，放射，対流などで数十万年を経て太陽中心から太陽表面に達し，光エネルギーとして地球に届いている．また，太陽にも磁場（地磁気の数千倍の強さ）がありダイナモ（発電機）作用で磁場が維持されている．これは運動エネルギーが磁場エネルギーに変換される作用である．太陽内部で磁力線を伴ったプラズマの流れがあり，しかも，赤道近くの流れが速く，一様な回転ではないことが，太陽磁場の維持や反転に重要な役割を果たし，太陽の活動が低下する極小期は 11 年の周期で訪れることになる．さらに長期的に見ると 100 年近くの周期での増減がある．1700 年頃の「マウンダー極小期」，1800 年頃の「ダルトン極小期」があった．

　近未来 SF 映画としての『サンシャイン 2057』（2007 年）では，太陽の「冬眠」による地球滅亡の危機を話題にしている．真田広之さんが演ずるカネダ船長と若き物理学者を含めて 8 名のクルーにより核弾頭を太陽内部へ打ち込んで太陽を蘇らせようとする．核弾頭のエネルギーだけで太陽活動に影響を及ぼすのは困難であろうが，今後，太陽光が微減して地球の気候変動へと進む可能性も否定できない．

図　危機に瀕する太陽を蘇らせる

## 第 10 章　演習問題

10-1　速度 2 m/s, 波長 10 cm で伝わる波がある．この波の周期と振動数を求めよ．

10-2　$x$ 軸に沿って正の向きに伝わる波がある．位置 $x$[m], 時刻 $t$[s] に

おける媒体の変位 $y$[m] が $y=3.0\sin\pi(5.0t-0.25x)$ で表されている.
(1) この波の, 振幅 $A$, 周期 $T$, 波長 $\lambda$, 振動数 $f$ を求めよ.
(2) この波の伝わる速さ $v$ を求めよ.

10-3  120 dB の飛行機の爆音は, 普通の会話（60 dB）の何倍の音量か.

10-4  ある物質に入射した緑色（波長 500 nm）の光速は真空中の場合の光速の 80% であった. 物質中での光の速さ, 周波数, 波長と物質の屈折率を求めよ.

10-5  音の伝わる速さが $V$ で振動数 $f_0$ の音源がある. 音源が速さ $v_s$ で近づき, 観測者も速さ $u_0$ で音源に近づいている場合に, 以下を求めよ.
(1) 時間 $t$ での波の到達点と音源との距離, および, その間にある波の個数
(2) 音の波長 $\lambda'$
(3) 音の見かけの速さ $V'=V+u_0$ を考慮しての音の周波数 $f'$

### 科学史コラム 10：光は波か粒子か？

　光の伝播に関しては色々な説があった. ガリレオ・ガリレイ（1564-1642 年, イタリア）は, 光は微粒子であると説いた. 一方, ルネ・デカルト（1596-1650 年, フランス）は「エーテル」を伝わる渦であるとし, 光が粒子（光子）なのか波（光波）なのかの疑問が解かれないままであった. その後, 波動光学が発展し, アイザック・ニュートン（1643-1727 年, イギリス）によりプリズムによる光スペクトルの分解がなされ, 波の性質を表す干渉縞によるニュートンリングの発見があった. ただし, ニュートンは光の粒子説を信じていた. 光が波であるとした明確な実験としては, トーマス・ヤング（1773-1829 年, イギリス）の複スリットによる干渉実験がある. 一方, 現代では光の粒子的な振る舞いとしての光電効果がアルベルト・アインシュタイン（1879-1955 年, ドイツ・アメリカ）により解明された. 結局, 光が波と粒子の二重の性質を持っている電磁波であることが明らかとなり, 量子光学の分野が確立されてきた.

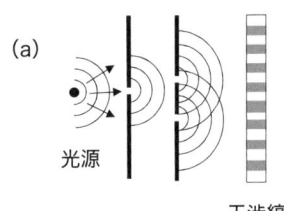

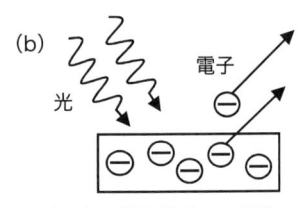

図　光の波と粒子の二重性
(a) 複スリットから光（光の波）の干渉縞が得られる.
(b) 仕事関数以上のエネルギーの光（光子）により金属表面から電子が放出される.

物理クイズ 10 の答　②
(解説) 網膜には赤, 緑, 青の 3 種類のみの錐体視細胞があり, 混合で色彩を識別する. 一方, 音は蝸牛管の中に基底膜があり, この膜の上にあるコルチ器の有毛細胞の多数の感覚毛が, 固有の振動に対して共鳴して刺激を受ける. したがって, 音の組み合わせは聞き分けることができるが, 光の色は見分けることができない.

# 第11章　電磁気

**キーワード**

11.1　静電気，クーロン，電荷素量（素電荷），電荷保存の法則
11.2　クーロンの法則，電場（電界），電気力線
11.3　電流，自由電子，電位，オームの法則，合成抵抗，キルヒホッフの法則，電流法則と電圧法則，電源の仕事率（電力），ジュール熱
11.4　磁荷，磁力線，直線電流による磁場，ソレノイドコイルによる磁場
11.5　電磁誘導，起電力，磁束，キャパシタ，キャパシタンス，インダクタ，インダクタンス，静電エネルギーと磁気エネルギー

## 11.1　静電力と電荷保存の法則

### 11.1.1　静電気

子供の頃にセルロイド製の下敷きをこすって髪の毛を浮かび上がらせる遊びを楽しんだことのある人が多くいると思う．セルロイド製の平板の下敷きにたまった電気が髪の毛を帯電させ，この下敷きにより周りに電場のポテンシャルが作られ，帯電した髪の毛を浮かび上がらせるのである．これを**静電気**（static electricity）という．冬の乾燥時にドアノブを触ると「バチッ」と痛みを感じるのは静電気によるものである（図11.1）．

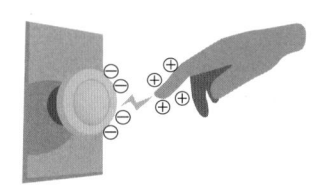

図11.1　静電気の影響

### 11.1.2　電荷と電荷素量

静電気を発生している源を**電荷**（electric charge）と呼び，その電気の量を**電気量**，**電荷量**（quantity of electric charge），あるいは，単に**電荷**と呼ぶ．電荷には正電荷と負電荷が存在する．電荷の単位は，フランスの科学者の名前にちなんで**クーロン**（coulomb，記号は C）が使われる．

物質は正電荷 e の**陽子**（proton）と電荷を持たない**中性子**（neutron）からなる**原子核**（atomic nucleus）と負電荷 $-e$ の**電子**（electron）から成り立っている．1個の陽子と1個の電子とでは正負は逆であるが電荷の大きさは同じであり，その電気量を**電荷素量**，あるいは，**素電荷**（elementary electric charge）という．

$$e = 1.60 \times 10^{-19} \text{ C}$$

物質の電荷量は必ずこの素電荷の整数倍である．

素電荷
$e = 1.60 \times 10^{-19} C$

### 11.1.3 電荷保存の法則

例えば，正電荷 5 C を帯びた物体に負電荷 −5 C の物体を接触させると，電荷はゼロになる．負電荷 −3 C の物体を接触させた場合には全体が 2 C の電荷となる．正負を含めて**電荷保存の法則**（charge conservation law）が成り立つ．これは物質が電子と陽子・中性子の原子核から成り立っていて生成・消滅しないことに基づいており，自然界の基本的な物理法則の 1 つと考えられている．

> 例題 11.1 1 C の負の電気量にはどれだけの電子があるか．
> （答：$1.60 \times 10^{-19}$ C が電子 1 個なので，1 C では $6.25 \times 10^{18}$ 個）

## 11.2 クーロンの法則と電気力線

### 11.2.1 クーロンの法則

大きさを持たない点状の電荷を**点電荷**（point charge）と呼ぶ．2つの点電荷の電気量 $q_1$[C]，$q_2$[C] を距離 $r$[m] だけ離れて置いた場合，両者にかかる静電力 $F$[N] は，電荷の積 $q_1 q_2$ に比例し距離の 2 乗 $r^2$ に反比例する．これは 1785 年にフランスのクーロンにより発見され，**クーロンの法則**（Coulomb's law）と呼ばれる．式では

$$F = k_0 \frac{q_1 q_2}{r^2} \tag{11.1}$$

である．ここで $k_0$ は比例定数であり，真空の誘電定数 $\varepsilon_0$ を用いて，$k_0 = \frac{1}{4\pi\varepsilon_0} = 9.0 \times 10^9$[N・m²/C²] で与えられる．電荷が同符号の場合には斥力であり，異符号の場合は引力である（図 11.2）．

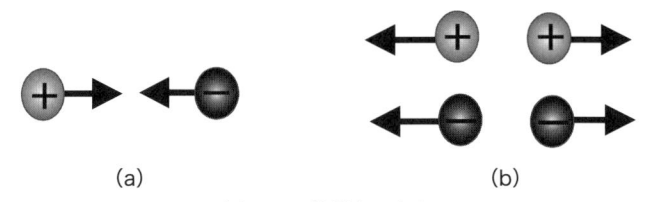

図 11.2 静電力の向き
(a) 異符号の電荷は引き合い，(b) 同符号の電荷は反発し合う．

### 11.2.2 電場

電気力（クーロン力）が作用する空間を**電場**または**電界**（electric field）というが，電荷 $Q$[C] の周囲には電場ができ，電荷 $q$[C] に加わるクーロン力を $F[N] = k_0 \frac{Qq}{r^2}$ とすると，電場 $E$ は

$$E = \frac{F}{q} = k \frac{Q}{r^2}$$

で定義する．電場の単位は N/C または V/m が用いられる．

$$1\,\text{N/C} = 1\,\text{V/m}$$

### 11.2.3 電気力線

空間の電場を示すのに様々な場所での電場ベクトルを矢印で描けばよい．あるいは，電場の方向に沿った力線を結んで描けばよい．これを**電気力線**（electric field line）という．図 11.3 に 2 つの電荷の間の電気力線の例を示した．

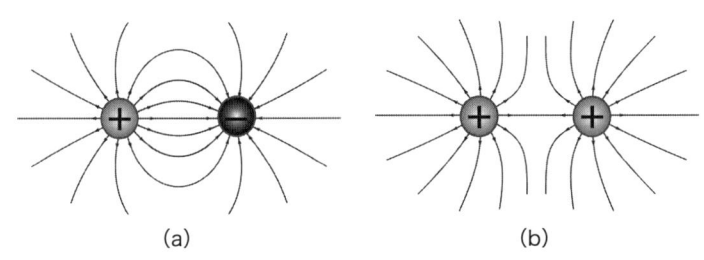

図 11.3 電荷と電気力線
(a) 電荷量の絶対値が等しく符号が逆の点電荷
(b) 電荷量の絶対値が等しく符号が同じ点電荷

> **例題 11.2** ある場所に $1 \times 10^{-10}$ C の電荷をおくと $2 \times 10^{-8}$ N の力を受けた．電場の強さはいくらか．（答：$2 \times 10^2$ N/C または $2 \times 10^2$ V/m）

## 11.3 電流と電気回路の法則

### 11.3.1 電流

荷電粒子が連続的に移動するときの電荷の流れを**電流**（electric current）という．陽極から陰極への正の電荷の流れの向きを電流の正の方向とする．電荷 $Q$[C] が時間 $\Delta t$[s] の間に流れたとき，電流 $I$[A] は

$$I = \frac{Q}{\Delta t} \tag{11.2}$$

であり，電流の単位は**アンペア**（ampere, 記号は A）である．

物質には，電流が流れやすい**導体**（conductor）と流れない**絶縁体**（insulator）がある．金属導体では負電荷を持つ**自由電子**（free electron）が存在する．電流の実体は自由電子の流れであり，電流の流れの方向は電子の流れの方向と逆である（図 11.4）．

### 11.3.2 電位

電場の中を電荷が移動するとき，静電力がする仕事は移動経路によらず，初めと終わりの位置だけで決まる．これを**保存力**（conservative force）と呼び，重力や弾性力と同じように位置エネルギーを定義

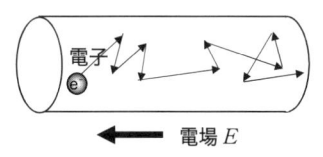

図 11.4 電場 $E$ が加えられた導体中の自由電子の動きと電流 $i$
電子は他の電子や原子と衝突しながら，全体として電場の向きと逆方向に動く

できる．

力が $mg$[N] の一様重力の場合には，高さ $h$[m] の場所での重力エネルギーは $mgh$[J] であった．同様に，強さ $E$[N/C] の一様電場の場合には，電荷 $+q$[C] に対して力 $qE$[N] が働くので，基準点から $x$[m] だけ遡った位置に電荷があるとすると，電荷が持っている位置エネルギー $U$[J] は

$$U = qEx = qV \tag{11.3}$$

である．ここで，$V$ は**電位**（electric potential），または，**電圧**（voltage）と呼ばれ，単位はジュール毎クーロン（J/C）であり，これを**ボルト**（volt, 記号 V）という．

$$1\,\text{V} = 1\,\text{J/C}$$

たとえば，平行平板電極での電場と荷電粒子の運動を考える（図11.5）．電場の向きが $x$ 軸の負の方向の場合には，負の一定の電場（$E(x) = -E_0$）により正電荷の粒子には大きさ一定で負の方向の力が働く（図11.5 (a)-(b)）．電場のポテンシャルエネルギー（位置エネルギー）は負の電極の位置での値をゼロとすると $U(x) = -\int_0^x qE\,dx = qE_0 x$ となる（図11.5 (c)）．正電荷の粒子はポテンシャル $U$ の坂を転げ落ちるように運動すると言える．

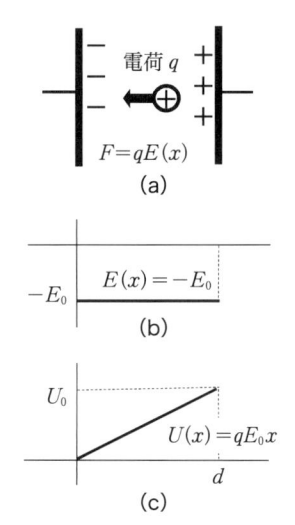

図 11.5 平行平板での (a) 荷電粒子に働く力 $F$，(b) 電場の大きさ $E$ と (c) 電場のポテンシャルエネルギー $U$

### 11.3.3 オームの法則

導体の両端に電圧 $V$[V] を加えると，電圧に比例する電流 $I$[A] が流れる．これは 1826 年にオームにより発見された関係であり

$$V = RI \tag{11.4}$$

となる．これを**オームの法則**（Ohm's law）という．ここで比例係数 $R$ は**抵抗**（resistance）と呼ばれ，単位として**オーム**（ohm, 記号は Ω）が用いられる．ギリシャ文字のオメガ Ω が用いられるのは，人名の頭文字 O では数字のゼロとの区別が難しいからである．

電圧と電流の関係は，高い所から管で水を流す場合の水圧と水流に似ている（図11.6）．高所の高さが2倍になると水圧（電圧）は2倍となり，管の細さ（抵抗）が同じであれば，水流（電流）も倍増する．水圧と水流は比例関係となる．管の断面積を2倍にすると，抵抗が半分になり，水流（電流）は2倍になる．低い所の水を高い所にくみ上げるポンプの役割が，回路では電源としての電池に相当する．

### 11.3.4 合成抵抗

**(1) 直列抵抗**

2つの抵抗 $R_1, R_2$ を直列につないだ場合（図11.7 (a)）には，流れる電流 $I$ を一定とすると，抵抗 $R_1$ での電圧の低下は $R_1 I$ であり，抵抗 $R_2$ での電圧の低下は $R_2 I$ である．合計の電圧降下は $R_1 I + R_2 I =$

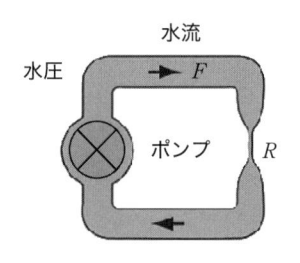

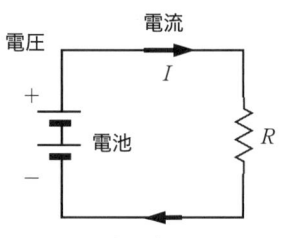

図 11.6 水路と電気回路の比較

$(R_1+R_2)I$ である．これより**直列抵抗**（series resistance）の合成抵抗 $R$ が

$$R = R_1 + R_2 \qquad (11.5)$$

であると言える．

**(2) 並列抵抗**

一方，2つの抵抗 $R_1, R_2$ を並列につないだ場合（図11.7 (b)）には，抵抗 $R_1$ に流れる電流は $\dfrac{V}{R_1}$ であり，抵抗 $R_2$ に流れる電流は $\dfrac{V}{R_2}$ なので，全電流は $\dfrac{V}{R_1} + \dfrac{V}{R_2} = \left(\dfrac{1}{R_1} + \dfrac{1}{R_2}\right)V$ である．これから**並列抵抗**（parallel resistance）の合成抵抗 $R$ は

$$\frac{1}{R} = \frac{1}{R_1} + \frac{1}{R_2} \qquad (11.6a)$$

$$\therefore\ R = \frac{R_1 R_2}{R_1 + R_2} \qquad (11.6b)$$

である．

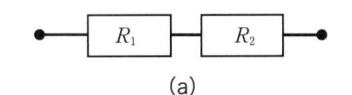

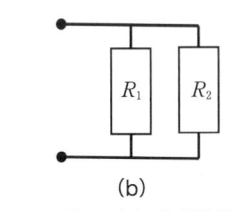

図11.7 抵抗の (a) 直列接続と (b) 並列接続

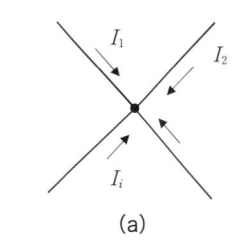

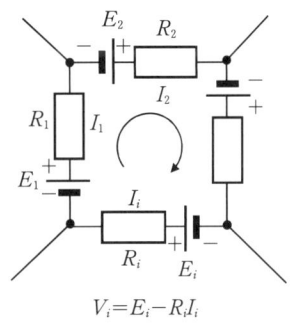

### 11.3.5 キルヒホッフの法則

多数の抵抗や電源が含まれる複雑な電気回路の計算には，電荷保存の法則とオームの法則とを一般化した法則として**キルヒホッフの法則**（Kirchhoff's Law）が用いられる（図11.8）．

**(1) 第1法則（電流法則）**

「回路網の任意の1点に流れ込む電流の総和は，流れ出す電流の総和に等しい」がキルヒホッフの第1法則であり，**キルヒホッフの電流法則**（Kirchhoff's current law）とも呼ばれる．流れ込む電流を正（または負），流れ出る電流を負（または正）として

$$\sum_i I_i = 0 \qquad (11.7)$$

と書ける（図11.8 (a)）．

**(2) 第2法則（電圧法則）**

「回路網中の任意の閉じた1経路に沿って1周したとき，起電力の総和は電圧降下の総和に等しい」がキルヒホッフの第2法則であり，**キルヒホッフの電圧法則**（Kirchhoff's voltage law）とも呼ばれる．閉じたループでの電圧の向きを一方向に選ぶと

$$\sum_i V_i = 0 \qquad (11.8)$$

となる（図11.8 (b)）．

図11.8 キルヒホッフの (a) 電流法則と (b) 電圧法則

### 11.3.6 電源の仕事率（パワー）

**(1) 仕事率**

電源から電流 $I[\text{A}]$ が $\Delta t[\text{s}]$ の時間だけ流れた場合に，$Q[\text{C}] = I\Delta t$ の電荷が流れたことになる．電源に電圧 $V[\text{V}]$ がかかっていた場合には，

電源が $\Delta t$[s] の間にした仕事は $W$[J]$=QV$ である．単位時間あたりの仕事 $P$ を**仕事率**，または**パワー**（power）といい，$P$[W]$=\dfrac{W}{\Delta t}$ より

$$P=VI \tag{11.9}$$

である．単位は**ワット**（watt，記号は W）である．電源による仕事率を**電力**（electric power）といい，電源の仕事を**電力量**（electric energy）という．特に，1 kW の電力が 1 時間する仕事の実用単位としてキロワット時（kWh）が使われている．

$$1\,\text{kWh}=3.6\times10^6\,\text{J}$$

**(2) ジュール熱**

外部回路の抵抗が $R$[Ω] の場合には，オームの法則 $V=RI$ を用いて

$$P=RI^2=\dfrac{V^2}{R} \tag{11.10}$$

であり，電源から外部回路に $P$[W] の仕事率が加えられたことになる．抵抗に加えられた電力は熱となる．これを**ジュール熱**（Joule heat）という．

> 例題 11.3　100 V-20 A の電熱器がある．この電力率はいくらか．電気料金が 25 円/kWh として，この電熱器を 1 時間用いた場合にはいくらかかるか．
> （答：電力率 2 kW，料金 50 円）（本書では述べていないが，正確には交流回路で考える必要がある）

## 11.4　磁石と電流の作る磁場

### 11.4.1　磁石と磁力線

図 11.9　磁石の分割と NS 磁極

磁石には鉄片などを引き付ける働きがある．これを**磁気力**（magnetic force）という．自由に回転できる棒磁石が北を向く**磁極**（magnetic pole）を N 極（または正極），南を向く極を S 極（または負極）という．磁極は電荷の正・負と異なり，磁石を分割しても N 極だけの磁石を作ることができない（図 11.9）．しかし，**磁荷**（magnetic charge）あるいは**磁気量**を $m_1, m_2$ とすると，電気力と同じように磁気力を定義することができ，磁気に関するクーロンの法則が成り立つ．

$$F=k_\text{m}\dfrac{m_1 m_2}{r^2} \tag{11.11}$$

ここで，磁気量の単位として**ウェーバー**（weber，記号は Wb）が使われる．比例定数は真空中では

$$k_\text{m}=\dfrac{1}{\mu_0{}^2}=\left(\dfrac{10^7}{4\pi}\right)^2$$

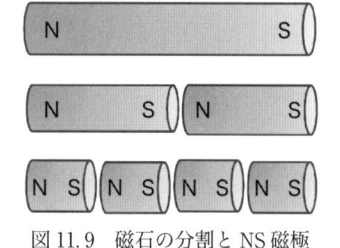

である．ここで $\mu_0=4\pi\times10^{-7}$[T・m/A] は**真空の透磁率**（magnetic permeability of vacuum) という.

電場と同じように，磁場ベクトル **H** 中の磁気量 m[Wb] に働く磁気力 **F**[N] は

$$F = mH \qquad (11.12)$$

である．磁気力が作用する空間を**磁場**または**磁界**（magnetic field）という．磁場の強さ **H** の単位は**ニュートン毎ウェーバー**（記号は N/Wb）である．電気力線の定義と同様に，**磁力線**（magnetic fore line）を描くことができる（図 11.10）.

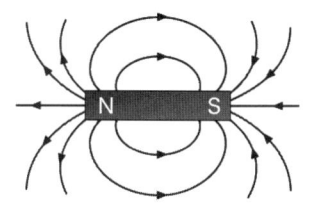

図 11.10 磁石の周りの磁力線分布

### 11.4.2 電流の作る磁場
#### (1) エルステッドの法則（電流の磁気作用）

電荷が動くと（電流が流れると）そこに磁場が発生することをエルステッド（デンマーク）が1820年に発見し，電場と磁場の学問的統一の契機となった.

#### (2) 直線電流の作る磁場

1820年に，フランスのアンペールにより電流と磁場との関係が明らかにされた．電流の周りの磁場の強さ H，あるいは磁束密度 B は，電流からの距離が大きくなるほど，弱くなる．無限長の直線コイルの場合には，電流からの距離を r[m] として磁場の強さは

$$H = \frac{I}{2\pi r} \qquad (11.13)$$

磁束密度は

$$B = \frac{\mu_0 I}{2\pi r} \qquad (11.14)$$

である（図 11.11）．ここで，磁場の強さの単位は**アンペア毎メートル**（記号 A/m）である．磁束密度の単位は**テスラ**（tesla，記号は T）または，**ウェーバー毎平方メートル**（記号 Wb/m²）である．$\mu_0 = 4\pi \times 10^{-7}$[T·m/A] は真空の透磁率であり，定義としての人為的定数である．真空中では $B = \mu_0 H$ である.

$$1 \text{ A/m} = 1 \text{ N/Wb}$$
$$1 \text{ T} = 1 \text{ Wb/m}^2$$

磁場（の強さ）というときには，本書では主に磁束密度 B を指すこととし，直線電流の周りの磁場（の強さ）は，式 (11.14) より

$$B[\text{T}] = 2 \times 10^{-7} \frac{I[\text{A}]}{r[\text{m}]}$$

で計算できる.

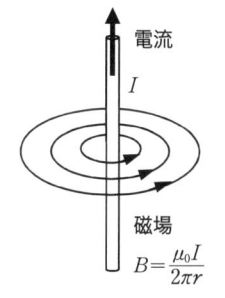

図 11.11 直線電流の作る磁場（右ねじの方向に磁場が生成される）

#### (2) ソレノイドコイルの作る磁場

空心の長いソレノイドコイルの場合（図 11.12）には，1 m あたりの巻き数を n[回/m]，コイル電流を I[A] とするとコイル内部の磁場の

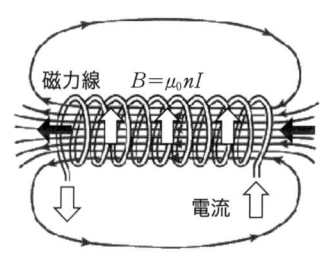

図 11.12 ソレノイドコイルの作る磁場（コイル内の磁場は強く一様で，外側では弱い）

強さ $B$[T] は
$$B = \mu_0 n I \tag{11.15}$$
であり,
$$B[\text{T}] = 4\pi \times 10^{-7} n[\text{m}^{-1}] I[\text{A}]$$
である.

> 例題 11.4　距離 0.2 m だけ離れた平行な 2 本の長い導線がある. 両方に同じ方向に同じ電流 10 A を流したときの 2 本の導線の中間の空間での磁場の強さ (磁束密度) は何 T か. 逆方向に電流 $I$ を流した場合はどうか.
> (答:同方向電流の場合, 磁場は $B=0$, 逆方向電流の場合に $B=2\times 2\times 10^{-7}\times \dfrac{10}{0.1}=4\times 10^{-5}$ T)

## 11.5　電磁誘導と電磁エネルギー

### 11.5.1　ファラデーの電磁誘導

　円形状に巻いた導体に磁石を近付けるとコイルに電流が流れる (図 11.13). これはコイル中の磁場が変化するとコイルの両端に起電力が働くからであり, **電磁誘導** (electromagnetic induction) という. **起電力** (electromotive force) は磁場の強さ $B$ (単位は [T], あるいは, [Wb/m²]), 円形の面積 $S$[m²] とコイルの巻き数 $N$ とに比例することが, 1831 年にファラデーにより発見された. 1 個のコイルを貫く磁束線の数, すなわち**磁束** (magnetic flux) $\varPhi$[Wb] は
$$\varPhi = BS \tag{11.16}$$
であり, 誘起起電力 $V$[V] は
$$V = -N\frac{d\varPhi}{dt} \tag{11.17}$$
である. ここで, 磁束 $\varPhi$ の単位は磁気量と同じウェーバー (記号 Wb) である.
$$1\,\text{Wb} = 1\,\text{V}\cdot\text{s} = 1\,\text{T}\cdot\text{m}^2$$

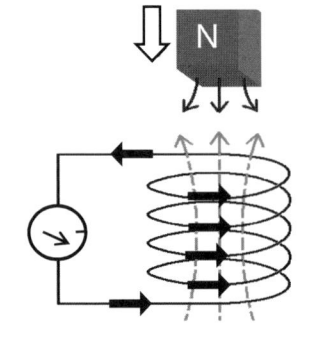

図 11.13　電磁誘導の原理

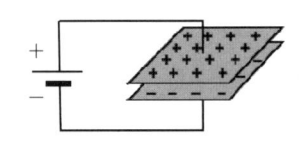

### 11.5.2　キャパシタと静電エネルギー

　2 枚の 1 組の平行な平板導体に正負の電荷を与えて貯めることができる (図 11.14). これを**キャパシタ** (capacitor) または**コンデンサー**という. (英語の condenser は熱機関の凝縮器, 復水器の意味であり, 蓄電器の意味ではキャパシタを用いるのがよい). 電気量 $Q$[C] はキャパシタにかかる電圧 $V$[V] に比例する.
$$Q = CV \tag{11.18}$$
ここで, 比例係数 $C$ はキャパシタの電気容量 (静電容量) といい**キャ**

図 11.14　キャパシタを含む回路

パシタンス（capacitance）という．単位はクーロン毎ボルト（記号は C/V）であり，ファラッド（farad，記号 F）という．

$$1\,\text{F} = 1\,\text{CV}^{-1} = 1\,\text{m}^{-2}\,\text{kg}^{-1}\,\text{s}^4\,\text{A}^2$$

平面極板の面積 $A$[m] が大きいほど，また，2 枚の平行極板の距離 $d$[m] が小さいほどキャパシタの静電容量が大きくなり

$$C = \frac{\varepsilon_0 A}{d} \tag{11.19}$$

である．$\varepsilon_0$ は真空の誘電率（permittivity of vacuum）と呼ばれ，

$$\varepsilon_0 = \frac{1}{\mu_0 c^2} = 8.85418782 \times 10^{-12}\,\text{F/m}$$

で定義される定数である．

蓄積する電荷量を $0$ から $Q$ まで変化させる仕事を考える．電荷量が $q$ の場合の電圧 $v$ は $v = \frac{q}{C}$ であり，そのときに $\Delta q$ だけ電荷を増やす仕事の増分は $\Delta u = v\Delta q = \frac{q}{C}\Delta q$ である．したがって，キャパシタ内の静電エネルギー（electrostatic energy）$U_C$[J] は

$$U_C = \int du = \int_0^Q \frac{q}{C}\,dq = \frac{1}{2}\frac{Q^2}{C} = \frac{1}{2}CV^2 \tag{11.20}$$

平行板の空間の体積は $Ad$ なので，単位体積あたりのエネルギー密度 $u_C$[J/m$^3$] $= \frac{U_C}{Ad}$ は，電場の強さ $E$[N/C] $= \frac{V}{d}$[V/m] を用いて

$$u_C = \frac{1}{2}\varepsilon_0 E^2 \tag{11.21}$$

である．

### 11.5.3 インダクタンスと磁気エネルギー

閉じた回路に電流を流すと回路を貫く磁束が時間的に変化し，回路に誘導起電力が生じる．特に電線をばね状に巻いたインダクタ（inductor）では逆起電力が発生する（図 11.15）．これを自己誘導（self-induction）という．電流により作られる磁場は電流 $I$ に比例するので，回路を貫通する磁束を

$$\Phi = LI \tag{11.22}$$

とする．したがって，誘導起電力 $V$[V] $= -\frac{d\Phi}{dt}$ は

$$V = -L\frac{dI}{dt} \tag{11.23}$$

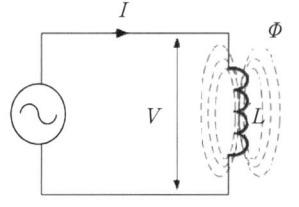

図 11.15 インダクタを含む回路

である．ここで，比例係数 $L$ を自己インダクタンス（self-inductance）といい，単位としてヘンリー（henry，記号は H）を用いる．

$$1\,\text{H} = 1\,\text{Wb/A} = 1\,\text{V}\cdot\text{s/A} = 1\,\text{m}^2\cdot\text{kg}\cdot\text{s}^{-2}\cdot\text{A}^{-2}$$

インダクタンスの例として，長さ $l$[m]，断面積 $S$[m]，単位長さあたりの巻き数 $n$[m$^{-1}$] の空心のソレノイドコイルを考える．内部の磁場の強さ $B$[T] は $B = \mu_0 nI$ であり，コイルの総巻き数は $N = nl$ なの

で，全磁束 $\Phi$[Wb] は $\Phi = NBS = \mu_0 n^2 lSI$ である．したがって，インダクタンス $L$ は

$$L = \mu_0 n^2 lS \tag{11.24}$$

である．

インダクタンスの電圧 $v = L\dfrac{di}{dt}$ と電流 $i$ との積が仕事率なので，電流を $0$ から $I$[A] まで増加させた場合には，仕事率を時間的に積分すればインダクタンス内の**磁気エネルギー**（magnetic energy）$U_L$[J] が求まる．

$$U_L = \int vidt = \int_0^I Lidi = \frac{1}{2}LI^2 \tag{11.25}$$

単位体積あたりの磁場のエネルギー密度 $u_L$[J/m³]$= \dfrac{U_L}{lS}$ は，

$$u_L = \frac{1}{2}\mu_0 B^2 \tag{11.26}$$

となる．

---

**例題 11.5** 東京での地磁気は約 $45\,\mu$T（$=0.45\,G$（ガウス））である．東京ドームの体積は約 124 万 m³（107 m の立方体相当）として，ドーム内の地磁気の磁場エネルギーはいくらか．

（答：$\dfrac{1}{2}\mu_0 B^2 V = \dfrac{1}{2 \times 4\pi \times 10^{-7}}(4.5 \times 10^{-5})^2(124 \times 10^4) = 1.0 \times 10^3$ [J]）

---

### 🅠 物理クイズ 11：回路と消費電力（3 択問題）

電圧 $V$，内部抵抗 $r$ の定電圧電源がある．ここに外部抵抗 $R$ をつないだ（図）．抵抗 $R$ での消費電力を最大にするにはどのようにすればよいか？

① $R$ をなるべく大きくする
② $R$ をなるべく小さくする
③ $R$ を $r$ と同程度にする

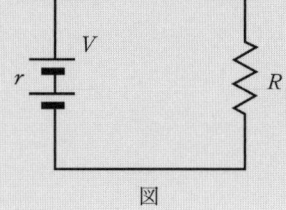

図

---

### 🎬 映画の中の物理 11：コンピュータと人間社会
　　　　　　　　　　　（SF 映画『マトリックス』）

　未来を予測することは非常に難しい．1901 年（明治 34 年）の報知新聞の「20 世紀の予言」では 100 年後の未来の展望が述べられたが，今日のような PC の普及とインターネットの普及は予想されていなかった．ロシアの経済学者コンドラチェフは 1920 年代に景気の波は 50～60 年周

期でやってくるとの学説を発表した．技術革新が経済市場に影響するのに数十年の年月がかかるからであるとの指摘である．現在，半導体の技術革新とソフトウェアの開発展開により情報（IT）革命が進行中である．

SF映画『マトリックス』3部作（1999年，リローデッド，レボリューションズ 2003年）では，仮想世界におけるコンピュータと人間との壮絶な戦いをテーマとしている．人間の殲滅を狙う機械社会「マトリックス」は，人類最後の地下理想郷「ザイオン」を探し出し攻撃を仕掛けてくる．それに立ち向かうキアヌリーブス扮する救世主ネオの果敢な挑戦，そして，トリニティとの甘いロマンスが描かれている．

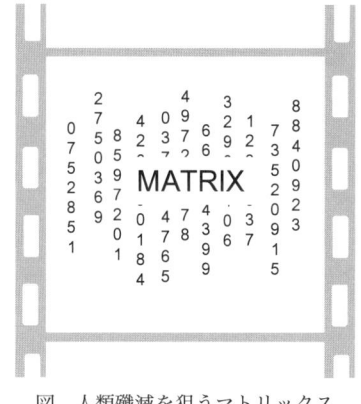

図　人類殲滅を狙うマトリックス

### ●●● 第11章　演習問題 ●●●

**11-1**　2個の $1\,\mu\text{C}$ の正の電荷が $1\,\text{cm}$ 離れて置かれてある．電荷に加わる斥力はどれだけか．

**11-2**　導体の断面を $0.5\,\text{A}$ の電流が $8.0$ 秒間流れた．この時間にどれだけの電荷が通過したか．また，何個の電子が流れたか．

**11-3**　抵抗 $R_1$ と $R_2$ を並列に接続して全体に電圧 $V$ をかけた．全抵抗 $R$ を求めよ．また，全電流値 $I$ と全発生パワー $P$ を求めよ．

**11-4**　長い導線に電流が流れている．$10\,\text{cm}$ の場所では磁場の強さは $16\,\text{A/m}$ であった．この導線に流れている電流はどれだけか．また，この場所での磁束密度は何 T（または $\text{Wb/m}^2$）に相当するか．

**11-5**　磁場 $0.1\,\text{T}(=0.1\,\text{Wb/m}^2)$ が半径 $1\,\text{m}$ の1回巻きコイルを貫通している．この磁束を求めよ．また，この磁場が10秒でゼロに変化した場合にコイルに発生する電圧はいくらか．

### 科学史コラム11：電磁気学の歴史

　紀元前600年頃，古代ギリシャの自然哲学者タレス（紀元前624-紀元前546年）は琥珀（こはく）を動物の皮でこすると，物を引き付けることを知っていた．琥珀は当時エレクトロンと呼ばれており，電気（Electricity）の語源となった．また，紀元前千年頃にはすでに中国で南北を指す磁石利用の指南車が使われていたという伝説がある．古代ギリシャではマグネシア地方から天然の磁鉄が発見されており，マグネット（magnet）の語源となった．それ以降，人類が電気や磁気を有効に利用するのには長い年月が必要であった．

　1752年にベンジャミン・フランクリン（1706-1790年，アメリカ）は凧の実験で，雷の正体が電気現象であることを確かめた．その後，1800

図　電磁気学の進展

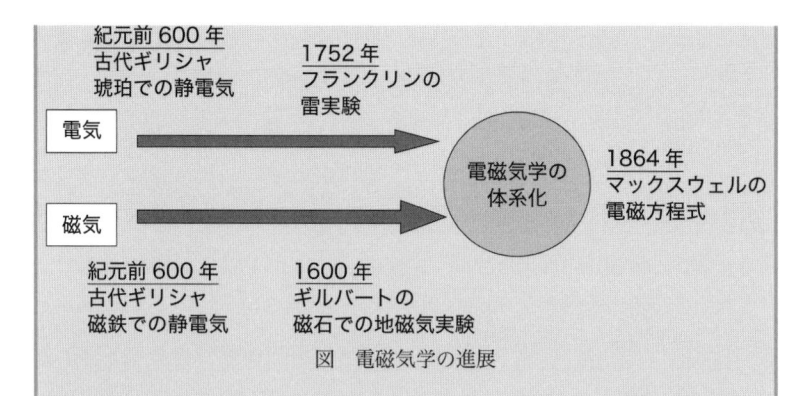

年にアレッサンドロ・ボルタ（1745-1827 年，イタリア）が電池を発明し，1879 年にはトーマス・エジソン（1847-1931 年，アメリカ）により白熱電球が発明された．

また，磁気に関しては英国の医学者ウィリアム・ギルバート（1544-1603 年）が 1600 年に，地球は磁石であるとの実験を小さな球形磁石で試みた．

電磁現象の物理としては，電気に関する 1785 年のフランスのシャルル・ド・クーロン（1736-1806 年）による法則，磁気のクーロンの法則，1820 年のデンマークのハンス・クリスティアン・エルステッド（1777-1851 年）の電流の磁気作用の法則，1831 年の英国のマイケル・ファラデー（1791-1867 年）の電磁誘導の法則の 4 つの法則が確認された．それらは，1864 年に英国のジェームズ・クラーク・マックスウェル（1831-1879 年）により電磁方程式として体系化され，1888 年にはハインリヒ・ヘルツ（1857-1894 年，ドイツ）による電磁波発生実験も行われた．

物理クイズ 11 の答　③
（解説）　回路の電流は $I = \dfrac{V}{R+r}$ であり，抵抗 $R$ での消費電力 $P$ は $P = I^2 R = \dfrac{V^2 R}{(R+r)^2}$，$R \to 0$ または $R \to \infty$ で $P \to 0$ となる．$4Rr = (R+r)^2 - (R-r)^2$ を用いて $P = \dfrac{V^2}{4r}\left[1 - \left(\dfrac{R-r}{R+r}\right)^2\right]$ と書くことができるので，$R = r$ で $P$ が最大になることがわかる．

# 第 12 章　原子物理

**キーワード**
12.1　分子，原子，原子核，電子，量子化
12.2　核子，陽子，中性子，質量数，原子番号（陽子数），同位体
12.3　質量とエネルギーの等価性，ローレンツ因子，静止エネルギー，不確定性原理，トンネル効果，質量欠損，結合エネルギー，核分裂，核融合
12.4　放射性崩壊，α崩壊，ヘリウム荷電粒子，β崩壊，電子線，γ崩壊，半減期
12.5　放射能，放射性物質，ベクレル，放射線，照射線量，吸収線量，グレイ，等価線量と実効線量，放射線荷重係数と組織荷重係数，シーベルト

## 12.1　原子の構造

物質を切り刻んでいくと**分子**（molecule）の構造が現れ，さらにその内部の結合（イオン結合，共有結合，金属結合）を解くと，**原子**（atom）が現れる．図 12.1 に水の分子と原子の構造を示した．原子は正の電荷を持つ**原子核**（atomic nucleus）と負の電荷を持つ**電子**（electron）から成り立っている．電子は原子核からとびとびの距離の軌道にしか存在しない．これを電子軌道が**量子化**（quantization）されているという．内側から，K 殻，L 殻，M 殻，N 殻と呼ばれており，電子殻に入る電子数は，それぞれ，2，8，18，32，つまり $2n^2$ 個である．それらの電子が色々な効果をもたらし，物質の性質や原子特有の発光（原子スペクトル）などを特徴付けている．

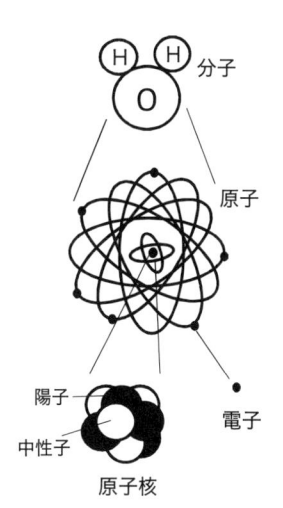

図 12.1　水の分子と原子の構造

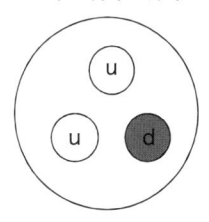

> **例題 12.1**　原子の電子軌道は内側から 2 番目の電子軌道は何殻と呼ばれているか？　またそこには電子は最大何個入るか？
> （答：L 殻，最大 8 個）

## 12.2　原子核の構成と原子番号

原子核は電荷が正の**陽子**（proton）と電荷がゼロの**中性子**（neutron）から成り立っており（図 12.1），これらを**核子**（nucleaon）という．さらに核子は，アップクォーク（u）とダウンクォーク（d）から構成されている（図 12.2）．陽子は 2 個の u と 1 個の d で，中性子は 2 個の d と 1 個の u で構成されるが，u は電荷が $+\frac{2}{3}$ であり，d は $-\frac{1}{3}$ なので，陽子は正，中性子は電荷がゼロの中性である．

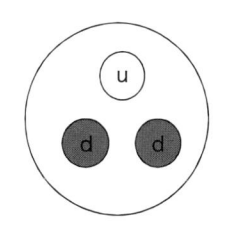

図 12.2　原子核を構成する核子の構造

水素原子の大きさは $10^{-10}$ m であるのに対して，原子核は $10^{-15}$〜$10^{-14}$ m，そして陽子，中性子の大きさは $10^{-15}$ m である．正の原子核と負の電子の間には電磁力が働いているが，原子核内の陽子同士には斥力としてのクーロン電磁力が作用するので，多数の陽子や中性子が原子核内に存在するには，他の力，近接力としての核力の存在が必要となる．

原子核は**質量数**（mass number）$A$ と**陽子数**（proton number）$Z$ で分類できる．陽子数 $Z$ は**原子番号**（atomic number）とも呼ばれ，その元素を表すのに特有の元素記号を用いる．**中性子数**（neutron umber）を $N$ とすると，陽子数と中性子数との和が質量数なので

$$A = Z + N \tag{12.1}$$

である．例えば，炭素であれば，原子番号は 6，元素記号は C である．質量数は 12（存在比 99%），13（同 1%），14（同 $10^{-8}$%）の 3 つがある．原子番号（陽子数）が同じで質量数が異なる（中性子数が異なる）元素を**同位体**（isotope）という．元素の表し方は図 12.3 に示したように，元素記号の左上に質量数，左下に原子番号を記載する．

$${}^{A}_{Z}\mathrm{X}$$

$\underset{原子番号}{質量数}$元素記号

図 12.3 元素の表示

> 例題 12.2 ${}^{208}_{82}$Pb の元素名，原子番号，質量数，陽子数，中性子数を述べよ．
> （答：鉛，82, 208, 82, 126）

## 12.3 核エネルギー

### 12.3.1 エネルギーと質量の等価性

宇宙には 4 つの力（重力，電磁力，強い力，弱い力）があるが，強い力に関連して，真空中の光速 $c$[m/s] を用いて質量 $m$[kg] とエネルギー $E$[J] の関係が 1905 年のアインシュタインの特殊相対性理論により明らかにされた．

$$E = mc^2 \tag{12.2}$$

これを**質量とエネルギーの等価**（mass-energy equivalence）といい，等速運動する系（慣性系）において「光速不変の原理」と「相対性原理（座標系によらず物理法則は不変）」を用いて導かれたものである．

式 (12.2) をわかりやすく導出するために，図 12.4 のような等速で動く座標系上で細長い長さ $2L$ の部屋を考え，その中央に質量 $M$ の物体を置き上下から $\dfrac{E}{2}$ のエネルギーを持つ光子を入射した仮想実験を考える．静止している座標系 S と，速度 $V$ で等速運動している座標系 S' を考える．光子が物体に合体した場合には，エネルギーが物質に変換されて質量 $m$ が増えたと考える．一般にエネルギー $E$ の光子の運動量は $\dfrac{E}{c}$ であるが，光子の垂直運動量は上と下とで $-\dfrac{1}{2}\dfrac{E}{c}$ と $\dfrac{1}{2}\dfrac{E}{c}$ であり全体としては 0 である．一方，静止座標系 S で眺めると運

動量の垂直方向は0であるが，水平方向の運動量は前後で保存されるので，図中の角度$\theta$を用いて

$$2\times\frac{1}{2}\frac{E}{c}\sin\theta + MV = (M+m)V$$

である．光速は静止座標系でも等速座標系でも一定値$c$なので$\sin\theta = \frac{V}{c}$である．したがって，$\frac{EV}{c^2} = mV$より式 (12.2) が得られる．

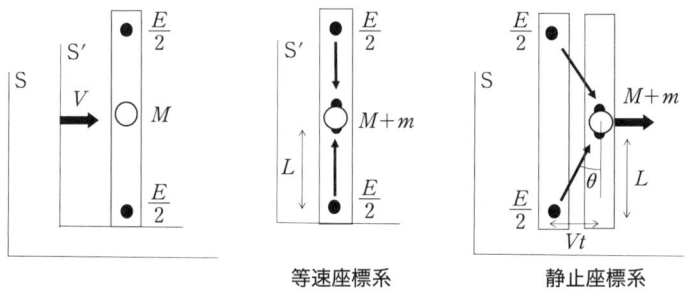

図12.4 質量とエネルギーの等価性とローレンツ因子の導出

図12.4からは静止系と運動系での時間の進み方の違いをも導くことができる．時間の流れをS上とS'上で各々時間$t$と$t'$とする．S'座標系では光の進む距離は$L=ct'$である．これをS座標系から見ると，長い距離を光が飛んだことになり，

$$L^2 + (Vt)^2 = (ct)^2$$

である．この2つの式から

$$t' = t\sqrt{1-\frac{V^2}{c^2}} = \frac{t}{\gamma} \tag{12.3}$$

が導かれる．ここで

$$\gamma = \frac{1}{\sqrt{1-\frac{V^2}{c^2}}} \tag{12.4}$$

は**ローレンツ因子**（Lorentz factor）と呼ばれる．動いている系では時間はゆっくり進む（$t'<t$）ことが示される．動いている物体は収縮しているように見えることに相当している．$v=0$のときの質量を静止質量$m_0$として

$$E = mc^2, \quad m = m_0 \frac{1}{\sqrt{1-\frac{V^2}{c^2}}} \tag{12.5}$$

$$E = E^{kinetic} + E^{rest} = (mc^2 - m_0c^2) + m_0c^2 \tag{12.6}$$

である．$E^{kinetic}$は運動エネルギー，$E^{rest}=m_0c^2$は**静止エネルギー**（rest energy）である．

### 12.3.2 ハイゼンベルグの不確定性原理とトンネル効果

量子論では，運動量 $p$ と位置 $x$ の同定には不確定性を伴う．
$$\Delta x \cdot \Delta p \geq \hbar, \qquad \hbar = 1.05 \times 10^{-34} [\text{J} \cdot \text{s}] \tag{12.7}$$
エネルギーと時間との関係においても，同様に不確定性がある．
$$\Delta E \cdot \Delta t \geq \hbar \tag{12.8}$$
ハイゼンベルクの提唱したこの**不確定性原理**（uncertainty principle）により，比較的低いエネルギーでも**トンネル効果**（tunnel effect）により核反応が起こることが知られている．

### 12.3.3 核反応と質量欠損

核反応として，核子 a と b が核反応を起こし，d と e の粒子が生成されたとする．核反応エネルギー $Q$ を含めた反応式は
$$\text{a} + \text{b} \rightarrow \text{d} + \text{e} + Q$$
$$Q \approx \{(m_\text{a} + m_\text{b}) - (m_\text{d} + m_\text{e})\}c^2 \tag{12.9}$$
核子 a, b の最初の運動エネルギーが**質量欠損**（mass defect）による核反応エネルギー $Q$ に比べて無視できるときには，d と e の運動エネルギー $E_\text{d}^\text{kinetic}$, $E_\text{e}^\text{kinetic}$ は，運動量とエネルギーの保存則より

$$E_\text{d}^\text{kinetic} \approx \frac{m_\text{e}}{m_\text{d} + m_\text{e}} Q, \qquad E_\text{e}^\text{kinetic} \approx \frac{m_\text{d}}{m_\text{d} + m_\text{e}} Q \tag{12.10}$$

で与えられる．例えば，重水素と3重水素の核融合反応（12.3.5項）において，ヘリウム4と中性子が発生するが，質量比から中性子が80%のエネルギーを担うことになる．

核の相対的安定性は核子あたりの結合エネルギー（図12.5）に基づいて論ぜられる．**結合エネルギー**（binding energy）とは，ばらばらに分離した核子を集めて，1つの核を作るときに放出されるエネルギーのことである．核子1個あたりの結合エネルギー $\frac{\Delta E}{A}$ は，質量数 $A$ が大きい領域では 15.6 MeV から $\propto A^{\frac{2}{3}}$ を差し引いた値であり，$A$ が小さい領域では $\propto A^{-\frac{1}{3}}$ を差し引いた値となる．核子1個あたりの結合エネルギーの最大値は $A=56$（鉄）で約 9 MeV であり，陽子の静止質量エネルギー $M_p c^2$ の約1%である．この図から，$A$ の小さな核子の融合による反応エネルギー（核融合エネルギー）は，$A$ の大きな核子の分裂による反応エネルギー（核分裂エネルギー）より大きいことが示される．

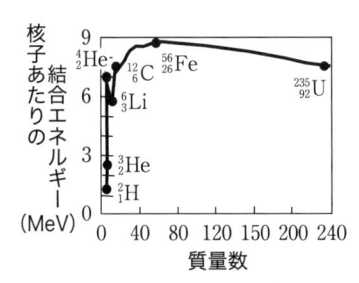

図 12.5 核の相対的安定性
鉄（Fe）が最も安定である

### 12.3.4 核分裂エネルギー

大きな核に中性子などが衝突すると原子核が2つに分裂し，**核分裂エネルギー**（nuclear fission energy）が発生する（図12.6）．その場合に2個ないし3個の中性子が放出される．この中性子がまた原子核の分裂を誘起して，連鎖反応が起こる．代表的な反応として

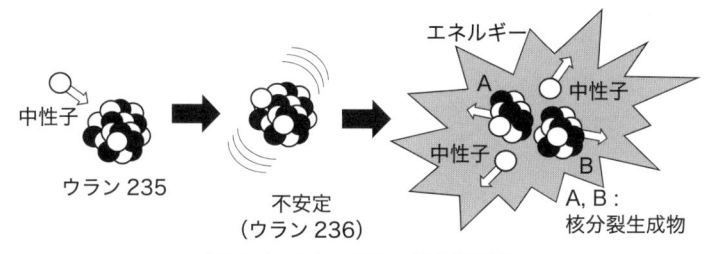

図 12.6　ウラン 235 の核分裂反応

$$^{235}_{92}\text{U}+\text{n}\rightarrow ^{236}_{92}\text{U}\rightarrow ^{140}_{54}\text{Xe}+^{94}_{38}\text{Sr}+2\text{n} \qquad (12.11)$$

がある．核分裂反応としては図 12.7 に示したように，上式以外の色々な 2 個の核分裂生成物が発生することがわかる．

火力発電では，化石燃料のエネルギーにより蒸気を発生させタービンを回して発電する．原子力発電ではボイラーを原子炉に置き換え，ウランを燃料として発電を行う．

原子炉では核燃料に中性子 1 個が当たると 1 個以上（ウラン 235 では平均 2.5 個）の高速中性子が放出される．核分裂反応はエネルギーの低い熱中性子で最も起こりやすく，中性子が減速されてもう一度核燃料物質に吸収されて反応が持続し，臨界に達する．燃料ペレットを燃料被覆管に封入した「燃料棒」，中性子を吸収して反応を制御するための「制御棒」，中性子のエネルギーを下げるための「減速材」，熱を取り出すための「冷却材」とそれらを囲む「原子炉圧力容器」から成り立っている．原子炉の型は用いる減速材・冷却材により分類され，軽水炉，黒鉛減速・重水炉，ガス冷却炉などがある．

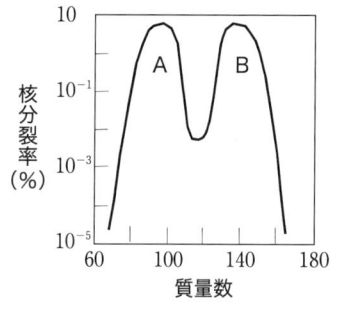

図 12.7　ウラン 235 の核分裂生成物の割合

## 12.3.5 核融合エネルギー

太陽は巨大な核融合プラズマであり，重力によるプラズマの閉じこめがなされている．太陽の中心気圧は約千億気圧で温度は千五百万度である．核融合を起こさせるためには高温・高密度のプラズマを長時間閉じ込める必要がある．太陽では，自分自身の重力によりプラズマが閉じ込められている（重力閉じ込め）．太陽の中心部での核融合反応（主な反応として pp チェイン）では，1 秒間に 6 億トンの陽子が消費され，ヘリウム 4 に変換されている．

$$4^{1}_{1}\text{H}\rightarrow ^{4}_{2}\text{He}+2\text{e}^{+}+2\nu_{e}+3\gamma+25.10\ \text{MeV}$$

太陽の質量は地球の 33 万倍であり，あと 50 億年は燃え続けると考えられている．

一方，地上で**核融合エネルギー**（nuclear fusion energy）を生成する核融合発電には，磁場閉じ込め核融合や慣性閉じ込め核融合がある．磁場閉じ込めの原理は太陽の磁気ループ，バン・アレン帯，オーロラでの磁場閉じ込めと同じであり，慣性閉じ込めの原理は超新星爆発で

図 12.8　DT 核融合反応

の内部圧縮やロケット推進の作用・反作用の原理と同じである．

核融合発電としては，燃料として重水素（D=$^2_1$H）と三重水素（T=$^3_1$H）を用いた DT 反応（図 12.8）

$$D+T \to n(14.07\,\text{MeV}) + {}^4\text{He}(3.52\,\text{MeV})$$

または　DD 反応

$$D+D \to n(2.45\,\text{MeV}) + {}^3\text{He}(0.82\,\text{MeV})$$
$$\to p(3.02\,\text{MeV}) + T(1.01\,\text{MeV})$$

を用いる．核子の半径～$10^{-15}$ m でのポテンシャルエネルギーは 0.3～0.4 MeV であり，核融合反応誘起には，単純計算ではこのエネルギーを超える必要があり，容易ではない．しかし，実際には，核反応は量子論的なトンネル効果により増大し，速度分布の少数の高エネルギー成分が核融合反応に寄与することにより，反応が促進される．

> **例題 12.3**　質量 1.0 g の物質が完全にエネルギーに変換されたとすると，どれだけのエネルギーになるか．また，石油換算（ton oil equivalent: 1 toe=$4.0 \times 10^{10}$ J）で何トンに相当するか．
> （答：$mc^2 = 1.0 \times 10^{-3} \times (3.0 \times 10^8)^2 = 9.0 \times 10^{13}$ [J]，$2.3 \times 10^3$ [t]）

## 12.4　原子核の崩壊

### 12.4.1　$\alpha$ 崩壊と $\beta$ 崩壊

　原子核が放射線を放射して安定な原子核に変化する現象を **放射性崩壊**（radioactive decay）と呼ぶ（図 12.9）．原子核が $\alpha$ 線（ヘリウム荷電粒子）を放出して原子番号が 2，質量数が 4 だけ小さな原子核に変化する場合を **$\alpha$ 崩壊**（alpha decay）と呼ぶ．一方 $\beta$ 線（電子線）を放出して，同じ質量数で原子番号が 1 つ大きな原子核に変化する現象を **$\beta$ 崩壊**（beta decay）という．例えば，ウラン 238（原子番号 92）が崩壊して安定な鉛 206（原子番号 82）に変化したとき，質量数が 32 減り，原子番号が 10 減ったので，$\alpha$ 崩壊は $\frac{32}{4}=8$ 回，$\beta$ 崩壊は $2 \times 8 - 10 = 6$ 回起こったことがわかる．

　一方，励起された原子核が $\gamma$ 線を放射する現象を **$\gamma$ 崩壊**（gamma decay）という．$\gamma$ 崩壊は，$\alpha$ 崩壊や $\beta$ 崩壊と異なり原子番号や質量数

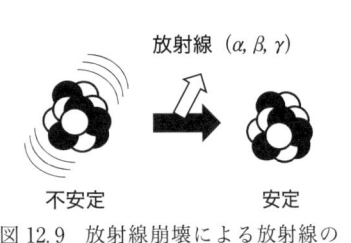

図 12.9　放射線崩壊による放射線の発生

$\alpha$ 崩壊 $N_\alpha$ 回，$\beta$ 崩壊 $N_\beta$ 回とすると，
質量数変化　$\Delta A = -4N_\alpha$
原子番号変化　$\Delta H = -2N_\alpha + N_\beta$

は変化しない．

### 12.4.2 半減期

放射性物質の量は一定の割合で減少していく．放射線を出す能力（放射能）が半分になる時間 $T_{\frac{1}{2}}[s]$ は**半減期**（half-life）と呼ばれ，

$$N(t) = N_0 \left(\frac{1}{2}\right)^{\frac{t}{T_{\frac{1}{2}}}} = N_0 e^{-\lambda t} \tag{12.12}$$

である（図 12.10）．$\lambda[s^{-1}]$ は**崩壊定数**（decay constant）と呼ばれている．

$$\lambda = \frac{\log_e 2}{T_{\frac{1}{2}}} = \frac{0.693}{T_{\frac{1}{2}}}$$

典型的な放射性同位元素を表 12.1 に示した．

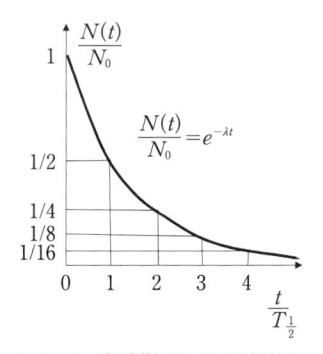

図 12.10 半減期 $T_{1/2}$ と崩壊定数 $\lambda$

表 12.1 放射性同位元素の例

| 記号 | 元素名 | 崩壊 | 半減期 | 特徴，用途など |
|---|---|---|---|---|
| $^{3}_{1}H$ * | トリチウム（三重水素） | $\beta$ | 12.3 年 | DT 核融合炉燃料 |
| $^{14}_{6}C$ | 炭素 14 | $\beta$ | $5.730 \times 10^3$ 年 | 年代測定 |
| $^{40}_{19}K$ | カリウム 40 | $\beta$ | $1.25 \times 10^9$ 年 | 生物に不可欠，昆布に多量含有 |
| $^{60}_{27}Co$ * | コバルト 60 | $\beta$ | 5.27 年 | 工業・医療用 $\gamma$ 線源 |
| $^{90}_{38}Sr$ * | ストロンチウム 90 | $\beta$ | 28.2 年 | 核分裂生成物 |
| $^{131}_{53}I$ * | ヨウ素 131 | $\beta$ | 8.0 日 | 幼児の甲状腺癌の原因 |
| $^{137}_{55}Cs$ * | セシウム 137 | $\beta$ | 30.1 年 | 原爆投下の指標 |
| $^{226}_{88}Ra$ | ラジウム 226 | $\alpha$ | $1.60 \times 10^3$ 年 | マリー・キュリー夫人が発見 |
| $^{238}_{92}U$ | ウラン 238 | $\alpha$ | $4.47 \times 10^9$ 年 | 天然ウラン，プルトニウム 239 生成 |

＊ 人工放射性同位元素

> **例題 12.4** 原子番号が同じで，質量数が異なる原子あるいは原子核を何と呼ぶか． （答：同位体（アイソトープ））

## 12.5 放射線

### 12.5.1 放射能と放射線の違い

放射線と放射能は似ているようでまったく異なるものである．**放射線**（radiation）とは，原子核が壊変（崩壊）するときに発生する高速の粒子（$\alpha$ 線，$\beta$ 線，中性子など）や高エネルギーの電磁波（$\gamma$ 線，X 線など）を意味する．一方，**放射能**（radioactivity）とは，そのような放射線を発生させることができる能力や性質を意味し，放射能を持っているものを**放射性物質**（radioactive substance）と呼ぶ．「放射性物質（放射能）」と「放射線」との関係は，「電灯」とその「光」に例えるこ

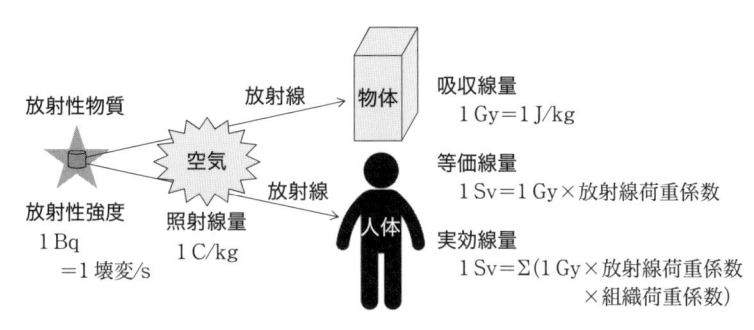

図 12.11 放射性物質と放射線の単位

とができる（図 12.11）．

## 12.5.2 放射性物質の単位

放射能の強さは，原子核が 1 秒間に 1 回壊れて放射線を出す能力で表わされる．これを **1 ベクレル**（becquerel, 記号は Bq）と定義する（1 Bq＝1 回／1 秒）．ベクレルはウランの放射能を発見したフランスの科学者の名前に由来している．

## 12.5.3 放射線の単位

### (i) 照射線量（電磁波放射線に対して）

放射線が空気中を通過するときに，1 kg の乾燥空気（約 770 リットル）を電離して 1 クーロンの電荷を生成する放射線の線量を**照射線量**（exposure dose）という．単位は **1 クーロン毎キログラム**（C/kg）を用いる．

### (ii) 吸収線量（すべての放射線に対して）

放射線が 1 kg の物体にあたったときに吸収されるエネルギーを**吸収線量**（absorbed dose）といい，1 ジュール（J）のとき，**1 グレイ**（gray, 記号は Gy）と定義する（1 Gy＝1 J/1 kg）．

### (iii) 等価線量と実効線量（人体への影響を示す）

吸収線量が同じでも，放射線の種類やエネルギー，さらには臓器・器官によりその影響は異なるので，補正を考慮して，人体への影響を表す必要がある．吸収線量（Gy）に**放射線荷重係数**（radiation weighting factor）$W_R$ を乗じた量を**等価線量**（equivalent dose）といい，単位は**シーベルト**（sievert, 記号は Sv）である．

実効線量（Sv）と吸収線量（Gy）
$Sv=\sum[Gy \times W_R \times W_T]$

等価線量（Sv）＝ 吸収線量（Gy）× 放射線荷重係数 $W_R$

ICRP（国際放射線防護委員会）勧告での $W_R$ は，X 線，ガンマ線，電子線に対しては 1，陽子には 2，中性子には 5-20（エネルギーに依存），アルファ線，重イオンには 20 の値である．

人体の臓器により放射線被曝の影響が異なるので，各臓器の受けた

放射線の等価線量にその臓器の**組織荷重係数**（tissue weighting factor）$W_T$を掛けた値の総量として，**実効線量**（effective dose）が定義される．

$$実効線量（Sv）= \sum [\ 等価線量（Sv）\times 組織荷重係数\ W_T\ ]$$

$W_T$の値は何度か改訂されてきているが，2007年のICRP勧告では，肺・胃・赤色骨髄・乳房などで0.12，生殖腺で0.08，甲状腺・肝臓・食道で0.04，脳・皮膚・骨表面では0.01であり，係数の合計は1.00である．この合計は全身被曝に相当する値であり，放射線防護の観点から使用される．

### 12.5.4 放射線の応用

放射線は様々な応用がなされている．工学利用には，高分子加工，非破壊検査など，農業利用では発芽防止，品種改良など，医療用には機器の殺菌，X線CTトモグラフィー，がん治療などがある．特に，医療利用では第13章にまとめたように現代物理の色々な応用技術が使われている．

> **例題12.5** 電球からの光では，光源の強さの単位（cd カンデラ）と光の明るさの単位（lx ルクス）がある．アナロジーとして，放射性物質からの放射線では，放射線を出す能力の単位，放射線の物体への吸収される線量の単位，人体への影響を示す線量の単位があるが，各々何か．
> （答：Bq（ベクレル）とGy（グレイ），Sv（シーベルト））

**Q** 物理クイズ12：放射線の水中での速さ（3択問題）

> 放射線には粒子線と電磁波があるが，電磁波は光速で伝わることは知られている．電磁波型の放射線の速さは，空気中と水中では違いがあるか？
> ① 空気中が速い
> ② 水中が速い
> ③ 同じ

映画の中の物理12：核融合エンジン
（映画『バック・トゥ・ザ・フューチャー』と『2001年宇宙の旅』）

核エネルギーとしての原子力発電が実用化され，次世代の発電炉とし

て，プルトニウム燃料を用いた高速増殖炉やトリチウムや重水素を用いた核融合発電炉の技術開発がなされてきている．プラズマ・核融合エンジンは，将来の火星や木星への有人飛行ロケットとして期待されている．さらに，核融合エネルギーを超える反物質エンジンへの限りない夢も大切にしたいものである．

核融合宇宙船の古典的SF名画はアーサー・C・クラーク原作，スタンリー・キューブリック監督の『2001年宇宙の旅』(1968年) である．この映画の上映年のおよそ10年前の1957年10月に人類初の人工衛星「スプートニク1号」(旧ソ連) が成功し，1961年4月にはガガーリンによる史上初の有人宇宙飛行が成功している．映画封切の翌年1969年にアポロ11号による人類初の月面着陸に成功した頃の映画である．

一方，米国SF映画『バック・トゥ・ザ・フューチャー』では，エメット・ブラウン博士が改造したスーパーカー「デロリアン」には，パート1 (1985年公開) ではプルトニュウム燃料が使われ，パート2 (1989年公開) では「Mr. Fusion」と記された核融合エンジンが搭載されている．映画の中では，核融合エンジンを用いてのタイムトラベルによる2015年10月の未来世界が描かれている．

図 核融合の夢
(スーパーカーデロリアンと宇宙船ディスカバリー)

## 第12章　演習問題

**12-1** $^{12}_{6}X, ^{238}_{92}X$ と書かれた元素がある．これらの元素のそれぞれの核子数 (質量数)，陽子数，電子数，中性子数，および，元素記号を書け．

**12-2** 以下の核融合反応を考える．
(1) DD反応により，重水素燃料が完全に燃焼したと仮定して，$3D \rightarrow ^4He + p + n$ となる．この反応での質量欠損は何u (統一原子質量単位) か？ ただし，各元素の質量はD：2.0141 u, He：4.0026 u, p：1.0073 u, n：1.0087 u である ($1 u = 1.6605 \times 10^{-27}$ kg)．
(2) この場合の放出エネルギーは何MeVか？

**12-3** トリウム232 ($^{232}_{90}Th$) が崩壊して鉛208 ($^{208}_{82}Pb$) に変化した，$\alpha$ 崩壊と $\beta$ 崩壊を何回ずつ行ったのか？

**12-4** 1 Gy の放射線の吸収線量で，水の温度は計算上何度上昇するか？

**12-5** 半減期8日のヨウ素 $^{131}I$ の放射線が6.25%に減少していた．これは何日後のことか？

### 科学史コラム12：原子モデルの歴史的変遷

20世紀初めには，原子モデルとして，ジョゼフ・ジョン・トムソン

(1856-1940年，イギリス）の核のない「豆入り団子型」モデルと核のある長岡半太郎（1865-1950年，日本）の「土星型」モデルとが考えられていた（図）．1911年にアーネスト・ラザフォード（1871-1937年，イギリス）はアルファ線（ヘリウムの原子核）の散乱実験により核のあるモデルが正しいことを初めて明らかにした．その後，ニールス・ボーア（1885-1962年，デンマーク）により，電子は原子核からとびとびの距離の軌道にしか存在しないことが明らかにされた．これを，電子軌道が**量子化**されていると呼ぶ．

原子からの発光は，電子が内側の軌道に落ちるときにエネルギーとしての光を放出することによる．一般に，円軌道を描いている負の電荷の電子は，正の電荷を持つ原子核によって電磁力で引き付けられるが，同時に遠心力（回転運動する系での見かけの力）で外向きの力を受ける．この引力と遠心力とのつり合いで軌道の半径が決まる．原子核からの半径が不連続ということは，電子の速度やエネルギーも不連続ということであり，したがって，原子からの光のエネルギー（波長）も不連続となる．原子の種類によって電子の軌道の状態が異なるので，原子の種類に対応する色の発光が観測される．また，荷電粒子が減速され軌道を曲げるときに放出される連続スペクトルを持つ「制動放射」と呼ばれる電磁波もある．

図 原子モデルの変遷
(a) 豆入り団子モデル
(b) 土星モデル
(c) 量子化モデル

物理クイズ12の答 ①
（解説）電磁波の速度は真空中では $c=3.00\times10^8$ m/s であるが，屈折率 $n$ の物体中の速度は $v=\dfrac{c}{n}$ であり（式（10.7）参照），屈折率の大きい水中の方が遅い．

# 第13章　生物物理と医学物理

**キーワード**
13.1　生命起源，タンパク質，化学進化，生物進化
13.2　細胞，遺伝子，生殖，代謝，同化，異化，細胞膜，核，細胞質
13.3　ATP，ADP，高エネルギーリン酸結合，生体力学，バイタルサイン（呼吸，脈拍，体温，血圧），生体磁気
13.4　X線CT，MRI，超音波診断，PET，ポジトロン，反粒子，SPECT
13.5　レーザー治療，放射線治療，重粒子線治療，ブラッグピーク

## 13.1　生命の起源と進化

現代生物学によれば，人間は4つの塩基でできた**DNA**（デオキシリボ核酸，deoxyribonucleic acid）と20種類の**アミノ酸**（amino acid）の組み合わせからなる**タンパク質**（protein）を基本として作られている．そのようなアミノ酸や核酸はどのようにして作られたのか？　無機物から生命への進化はどのようになされたのか？

無機物からの生命への進化は，1922年のA. I. オパーリンの**化学進化**（chemical evolution）説があり，その実験的検証が1953年にユーリーとミラーの放電実験としてなされた（科学史コラム 13）．その後，研究が進むにつれて原始地球の成分がミラーの実験と異なることが判明し，隕石などの衝突によるアミノ酸の合成説や海底熱水噴出孔説が議論されてきている．また，スウェーデンのノーベル化学賞受賞者スバンテ・アレニウスによる，「最初の生命は宇宙から飛来した」とする**パン・スペルミア説**（panspermia，汎種説，1906年）もかなり以前から論じられてきている．

無機化合物から単純な有機化合物が生成され後には，アミノ酸，塩基，炭水化物などの生体有機化合物が合成され，タンパク質，核酸，多糖類などの生体高分子化合物の生成，そして，原始細胞の形成へと化学進化し，その後に**生物学的進化**（biological evolution）がなされてきたと考えられている（図13.1）．

図13.1　化学進化から生物進化へ

> **例題 13.1**　生命の起源として，どのような仮説があるか？
> 　（答：原始地球環境下でのアミノ酸合成説，海底熱水噴出孔での生命誕生説，生命宇宙飛来説など）

## 13.2 生命体の構成と細胞

生物（生命体）と無生物との違いは何であろうか．生物としての条件は3つにまとめることができる．
 (i) 基本単位としての細胞を持つ
 (ii) 代謝（物質代謝とエネルギー代謝）ができる
 (iii) 生殖（自己複製）の能力がある

生物の基本的営みは生殖と代謝である．DNAによる遺伝情報を利用しての生物体の複製を作る営みが**生殖**（reproduction）であり，外界からの取り込んだ物質を変化させる過程が**代謝**（metabolism）である．代謝は，同化と異化に分けられる（図13.2）．エネルギーの供給を受けて単純な分子群を生命体に変える有機物合成反応（タンパク質合成，光合成）が**同化**（anabolism）であり，有機物分解（発酵，呼吸代謝）によりエネルギーを蓄積する反応が**異化**（catabolism）である．利用するエネルギーは，植物の場合には光合成による太陽のエネルギーであり，動物の場合には，摂取した食物の化学エネルギーである．この生殖と代謝は生命体の基本単位としての細胞の中で行われる．

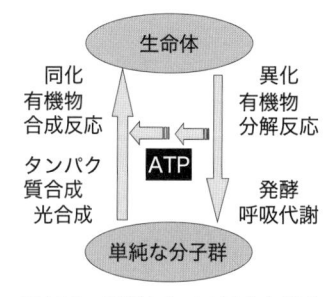

図13.2 代謝としての同化と異化

**細胞**（cell）とは，すべての生物体の構成単位であり，外界の敵から自らを守るための一枚の膜（細胞膜）で遮られた構造を持ち，分裂によって増殖する．人間は，およそ70兆個の細胞からなる生物である．動物の細胞と植物の細胞の構造の相違を図13.3に示した．細胞はタンパク質合成の設計図としてのDNAを有する**核**（nucleus）とそれ以外の**細胞質**（cytoplasm）からなり，細胞質の一番外側には**細胞膜**（cell membrane）がある．核と細胞質を合わせて**原形質**（protoplasm）とも呼ぶ．内部は様々な**細胞小器官**（organelle）があり，液体の**細胞質基質**（cytoplasmic matrix）で満たされている．細胞小器官としては，エネルギーを作る「ミトコンドリア」，酵素やホルモンの分泌に関連する「ゴルジ体」，タンパク質合成機能などの「小胞体」，植物では光合成の場となる「葉緑体」などがある．一方，細胞質基質にはカリウム

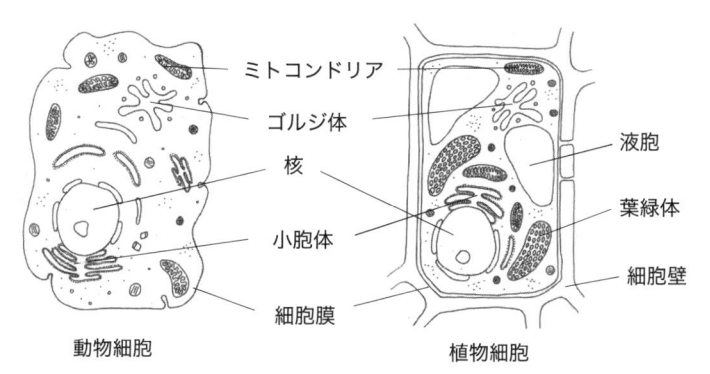

図13.3 細胞の構造の模式図

イオンなどのイオン類のほか，多くのタンパク質やその原料であるアミノ酸，ブドウ糖などが溶け込んでいる．

> 例題 13.2 同化，異化とはそれぞれどのような反応かを説明せよ．
> （答：同化：エネルギーの供給による有機物合成反応，異化：有機物分解によるエネルギー蓄積反応）

## 13.3 生体の物理

### 13.3.1 生体のエネルギー

　私たち人類がこの地球上で生活できるのは，遠い昔に植物が生まれて光合成により水と二酸化炭素から酸素を生成させたからである．上空では紫外線により酸素からオゾンが作られ，有害な赤外線から地上を守ってくれた．私たちはこの酸素を取り入れて代謝することで逆にエネルギーを使っている．

　これらの光合成や代謝の生体エネルギーは化学的エネルギーであり，ミクロ的にはマックスウェルの電磁力がエネルギー源となっている．さらに遡って考えると，これらすべてが太陽からのエネルギー，すなわち，太陽内部の核融合エネルギーとしての強い力を利用していると言える．

　呼吸代謝では1モルのグルコース（ブドウ糖）180 g を燃焼させることで 686 kcal のエネルギーを生み出すことができる．

$$C_6H_{12}O_6(180\,g) + 6O_2(6 \times 32\,g)$$
$$\rightarrow 6CO_2(6 \times 44\,g) + 6H_2O(6 \times 18\,g) + エネルギー(686\,kcal) \quad (13.1)$$

すべての生体細胞内では，この化学エネルギーは**アデノシン三リン酸**（ATP, adenosine triphosphate）の**高エネルギーリン酸結合**（high-energy phosphate bond）を介して様々なエネルギーに変換される．ATP はアデニンにリボース（糖）が結び付いたアデシンに無機リン酸が3分子付いたものであり，リン酸同士の結合が切れて**アデノシン二リン酸**（ADP, adenosine diphosphate）に分解するときに大きなエネルギーを発生する．

$$ATP \rightleftarrows ADP + 無機リン酸 + エネルギー(7.3\,kcal/mol) \quad (13.2)$$

　ADP は，植物の場合には光合成によって，動物では化学エネルギーによって ATP に再変換される．ATP の結合エネルギーが，化学エネルギー（高分子化合物の合成），力学エネルギー（筋肉，繊毛，鞭毛の運動），電気エネルギー（電気器官，神経細胞），光エネルギー（生物発光）に変換される．ATP は生体内のエネルギー代謝では仲介役を

果たす生物に共通な合成物質であり，「エネルギー通貨」と呼ばれている（図13.4）．

手足を動かす場合には，筋肉の収縮と弛緩により行われる．骨格筋には筋細胞があり，神経からの刺激により，ATPのエネルギーを用いて複雑なメカニズムにより収縮と弛緩が行われる．

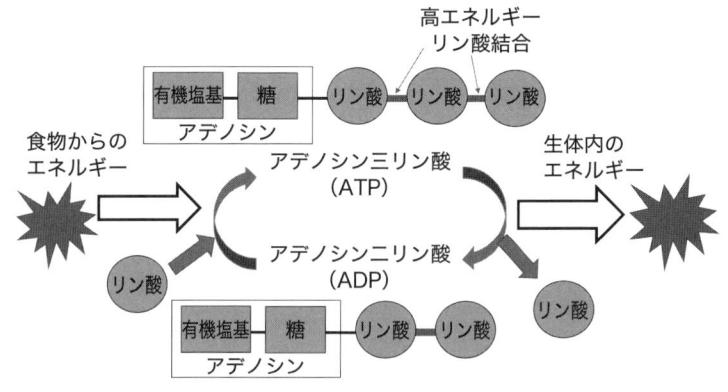

図13.4 生命体内のエネルギーの流れ

### 13.3.2 生体力学

人体の運動や構造を力学的に探究することができる．これは**生体力学**（biomechanics，バイオメカニクス）と呼ばれ，テコの原理などを用いて腕や足の運動を記述できる．一例として前腕部の運動を考える（図13.5）．肘関節を支点，上腕二頭筋の付着部分を力点，前腕の骨格を作用点としたテコの原理で肘関節の運動を理解することができる．作用点までの距離 $a$ に比べて力点までの距離 $b$ は短いので，持ち上げる力は $\frac{b}{a}$ だけ小さくなるが，手の運動の速さを $\frac{b}{a}$ 倍だけ大きくできる特徴がある．

前腕部の運動の場合には，中央に力点がある場合（第3種テコ，速く動かす）であり，関節運動としては，足のつま先立ち（中央に作用点がある第2種テコ，大きな力を得る），頸部の前屈・後屈（中央に支点がある第1種テコ，安定性を保つ）などがある．

医療機器での力学の応用としては，頸椎の牽引のための滑車（定滑車と動滑車の組み合わせ）を用いた牽引器やばね式体重計（宇宙での体重管理にばね振動の周期測定を利用）などがある．頸椎の牽引器の例として，図13.6に示した．力 $F$ を加えると3本のひもで動滑車が支えられて3倍の力 $F$ で $W$ を牽引することができる．ただし，引き上げる長さは $\frac{1}{3}$ になる．

### 13.3.3 生体と関連する物理

生きている生体からの信号は**バイタルサイン**（vital signs，生命兆

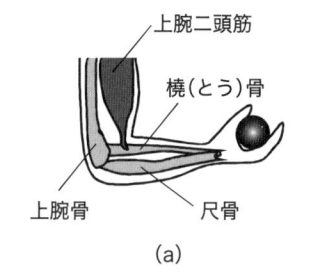

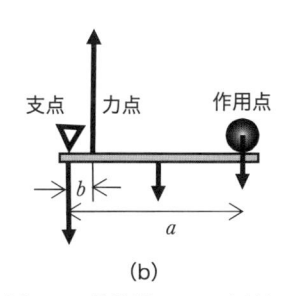

図13.5 前腕部のテコの原理

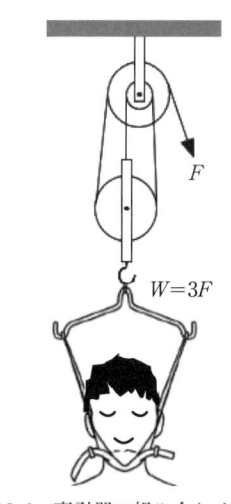

図13.6 牽引器の組み合わせ滑車

候）と呼ばれ，基本は**呼吸**（breath），**脈拍**（pulse），**体温**（body temperature），**血圧**（blood pressure）の4つである．これらの信号の計測のためには，様々な物理が用いられている．

流体力学として血圧計，血流計や点滴，熱力学として体温測定，音響物理として聴診器，心音計，超音波利用，光学利用として眼鏡，レーザーメス，そして，電磁気学として心電計，心臓ペースメーカー，電磁流量計，さらに原子核物理と放射線利用として次節に述べるX線CT，MRI，ポジトロンCTなどがあり，医療にも物理は欠かせなくなっている．

**生体磁気**

生体からは様々な磁気信号がえられる．生体膜にあって，イオンを透過させる経路（チャネル）を提供する膜タンパクをイオンチャネルと呼ぶ．筋肉や神経などの興奮性細胞が興奮するときには，大量のイオンが細胞内に流れ込み，電流が生じる．これにより時間的に変動する磁場が形成される．

> **例題 13.3** 血圧はほぼ心臓と同じ高さになるように上腕で測る．血圧100 mmHgの人が，心臓よりも10 cm下方の部位で血圧を測ると，血圧はどうなるか？ 血液の密度はほぼ水に等しく1.0 g/cm³であり，水銀は13.5 g/cm³である．
> （答：$\Delta h_{\mathrm{Hg}} = \Delta h \dfrac{\rho}{\rho_{\mathrm{Hg}}} = 100\,\mathrm{mm} \times \dfrac{1}{13.5} = 7.4\,\mathrm{m}$，107 mmHg）

## 13.4 医療診断

現代医学では，物理学の最先端技術に基づく様々な医療機器が利用されている．

### 13.4.1 X線CT

単純なX線診断（レントゲン撮影）としてほとんどの人が健康診断の際の胸部レントゲン検査を受けている．体内の部位の密度や水分の違いによりX線の透過率が異なることを利用して撮影が行われる（図13.7（a））．

単純なレントゲン撮影と異なり，X線 **CT**（Computed Tomography，コンピュータ断層撮影）法では，精度のよい2次元画像が得られ，最近ではヘリカルX線CTにより3次元情報も得られている（図13.7（b））．これらの画像処理には物理数学や計算機による解析手法が用いられている．X線CTの技術は，物理学者であるコーマック博士により開発されたものであるが，物理学者がノーベル生理学・医学賞（1979年）を受賞した最初の記念すべき事例である．

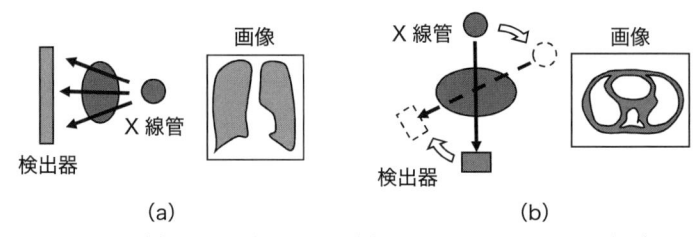

図13.7 （a）レントゲン撮影と（b）コンピュータ断層撮影（CT）

## 13.4.2 MRI（磁気共鳴画像法）

MRI（magnetic resonance imaging, **磁気共鳴画像**）法は，強力な磁石でできた筒の中に入り，磁気の力を利用して体の臓器や血管を撮影する検査であり，**核磁気共鳴**（NMR, nuclear magnetic resonance）の原理を用いる（図 13.8）．磁場中での原子核の固有振動と外部からの電磁波との共鳴現象を用いるのである．

水素原子核は正電荷の陽子（p, プロトン）であり，2 つのアップクォーク（u, 電荷は $+\frac{2}{3}$）と 1 つのダウンクォーク（d, 電荷は $-\frac{1}{3}$）で構成されている．全体として電荷は $+1$ であるが，電荷の分布が偏っており，回転（自転）すると電流が流れることに相当し，磁場（磁化ベクトル）が発生することになる．実際には量子力学的な扱いが必要であり，量子力学的角運動量は「スピン」と呼ばれている．

強い磁場をかけると，原子核は磁場中を一定の周波数で回転するが，この周波数と同じ電磁波を加えると共鳴吸収や放出が起こる．生体を構成している主な分子は水なので，体液や臓器中の水分子中のプロトンの運動から，生体内部形状の診断が可能である．がん化した細胞は水分を多く含んでおり，がん検診にも用いられている．

## 13.4.3 超音波診断

超音波を体内検査に用いる手法は，胎児の診断に欠かせない方法となっている．いわゆるエコーと呼ばれる診断であり，超音波を体内に送信して，その反射波（エコー）を診断する方法である．人間ドックでは腹部**超音波検査**（ultrasonography, echo）（腹部エコー）が通常含まれている．心臓超音波検査（心エコー）では，ドップラー効果を利用して，血流の変化をカラーで表示するカラードップラー法も用いられている．

超音波診断は，X 線診断と異なり，放射線被曝の心配がないという利点がある．しかし，X 線 CT や MRI に比べて測定精度が低いのが欠点であり，精密検査では X 線 CT や MRI などが用いられることが多い．

## 13.4.4 PET（ポジトロン放出断層撮影）

PET（Positron emission tomography, ポジトロン放出断層法）は，ポジトロンを放出する放射性薬剤を体内に取り込ませ，対消滅反応で放出される放射線を同時測定カメラで捉えて画像化する方法である（図 13.9 (a)）．**ポジトロン**（positron, **陽電子**, $e^+$）とは電子（$e^-$）と同じ質量を持つが正の電荷を持つ粒子であり，電子に対しての**反粒子**（antiparticle）である．

放射性薬剤としてはブドウ糖の水酸化基を放射性同位体のフッ素

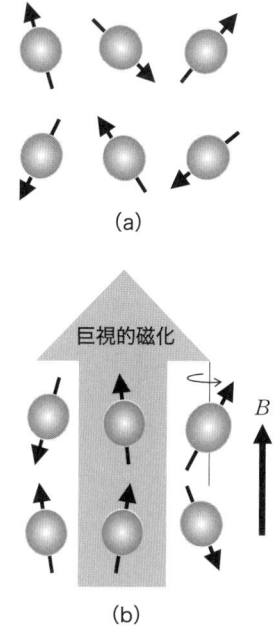

図 13.8 核磁気共鳴の原理図
(a) 磁場なし，(b) 磁場あり．

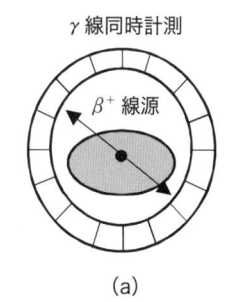

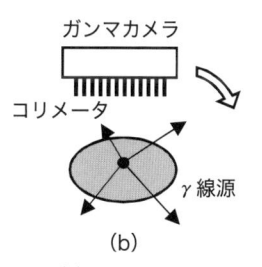

図 13.9 (a) PET と (b) SPECT

18 に変えた $^{18}$F–FDG（FluoroDeoxyGlucose：フルオロデオキシグルコース）を用いる場合が多い．フッ素 18 が壊変して陽電子を放出し，1 個の陽電子と 1 個の電子との対消滅反応により，2 つの γ 線が逆方向に放出される．

$$^{18}F \rightarrow {}^{18}O + e^+ + \nu_e$$
$$e^+ + e^- \rightarrow 2\gamma$$

X 線 CT などのような透過放射線像を用いるのではなくて，生体内部の放射性トレーサーからの放射線を観測する方法としては，体内 γ 線を利用した **SPECT**（Single photon emission computed tomography，単一光子放射断層撮影）がある（図 13.9（b））．体内 $\beta^+$ 線を利用する PET は対消滅 γ 放射線の同時測定を行うので，部位を正確に同定できる．

CT 検査などでは「形の異常」を診るのに対し，PET 検査では，ブドウ糖代謝などの「機能の異常」を診ることができる．臓器の形だけで判断がつかないときに，働きを診ることで診断の精度を上げることができる．

> 例題 13.4　形状情報と機能情報の両方が得られる画像診断装置はどれか．2 つ選べ．(1) 超音波ドップラー断層装置，(2) サーモグラフィー，(3) X 線 CT，(4) MRI，(5) PET　　　　（答：(1) と (5)）

## 13.5　治療

医療診断の他に，治療のために現代物理は様々な形で役立っている．レーザーや放射線，粒子線によるが治療が行われている．

### 13.5.1　レーザー治療

レーザー治療法は，耳鼻咽喉科や美容外科・皮膚科などで用いられており，表在性皮膚病変（あざ，ほくろ，しみ）などをレーザー照射による光凝固や蒸散を利用して治療することができる．

最近はレーザー治療の 1 つとして，がん治療としての**光線力学的療法**（**PDT**, Photodynamic Therapy）がある．がんに集積性を示す光感受性物質とレーザー光照射による光化学反応を利用した局所的治療法である．PDT では従来のレーザーによる物理的破壊作用（光凝固や蒸散など）とは異なり，低いエネルギーで選択的にがん病巣を治療することができ，正常組織への障害が少ない治療法とされている．

### 13.5.2　放射線治療

体内の悪性腫瘍としてのがん組織を破壊する治療法として放射線治

療法がある．電磁波（X線・ガンマ線），電子線（ベータ線），粒子線（陽子・中性子・中間子など）が用いられる．放射線に対する生体的感受性が異なるので，最適な時間的空間的な線量の配分が必要である．早期がんは放射線治療だけで治癒可能な場合もあるが，進行がんの場合には，がん組織の切断手術，化学的抗がん剤投与との組み合わせ治療が必要な場合もある．周囲の正常組織や照射部位の体表皮膚の障害や血液細胞の減少などの放射線治療による副作用に留意する必要がある．

### 13.5.3 重粒子線治療

がん組織に大きな線量を照射して破壊する局所治療を行うと同時に，正常組織への障害を最小限に押さえる方法として**重粒子線治療**（heavy ion radiotherapy）がある．ここではヘリウムよりも重いイオンを「重粒子」という．線形加速器とシンクロトロンで重イオンを加速して，目標の体の深部にまで到達させる．図 13.10 に示したように，粒子線の場合には**ブラッグピーク**（Bragg peak）と呼ばれる線量吸収のピークができる．用いる重イオンは，炭素（質量数 12），ネオン（同 20），ケイ素（同 28），アルゴン（同 40）などである．局所治療は，X線 CT や MRI によるがん病巣の正確な位置の特定などの診断技術の進歩により可能となってきている．

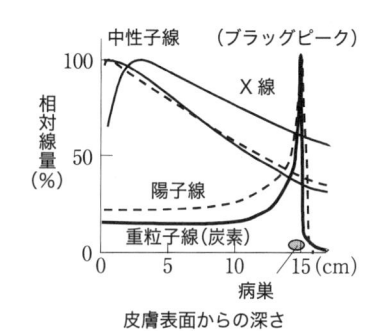

図 13.10 各種放射線（電磁波と粒子線）の生体内の線量分布

> **例題 13.5** がん治療にはどのような方法があるか
> （答：がんの三大治療として，病巣を切除する手術（外科治療），抗がん剤投与などの薬物療法（化学治療），X 線，陽子線，重粒子線などの放射線治療）

**Q 物理クイズ 13：生涯の心臓の鼓動（3 択問題）**

> 哺乳類の心周期（心臓が打つ時間間隔）や呼吸周期のような生理現象は動物の体重により異なり，ネズミからゾウまで，「時間は体重の 1/4 乗に比例する」というおおよその関係が成り立つことが知られている．哺乳類の寿命はこの 1/4 乗則に合っている（人間の寿命は比例則に従わず特別に長い）．このネズミの一生の総心拍数はおよそ 20 億回と考えられているが，ゾウの場合はどうか？
> ① 20 億回よりも多い．（長寿なので）
> ② 20 億回よりも少ない．（心拍はゆっくりなので）
> ③ 20 億回程度．

## 映画の中の物理 13：遺伝子による差別と未来社会
## （SF 映画『ガタカ』）

生命体の基本構造は，**核酸**と**タンパク質**が組み合わさった巨大分子である．生命体は有機物であり，自己複製し，増殖して進化する．核酸（DNA, RNA）はリン酸，糖（デオキシリボース，リボース），塩基で構成されている．**遺伝子**は DNA（デオキシリボ核酸）でできており，「塩基－糖－リン酸」の基本単位**ヌクレオチド**による二重らせん構造からなりたっている．塩基は A（adenine，アデニン），T（thymine，チミン），C（cytosine，シトシン），G（guanine，グアニン）の 4 種類である．塩基間は A と T，C と G が水素結合されており，遺伝子情報が組み込まれており，人生の一部はこの遺伝情報により定まっていると言える．

米国 SF 映画『ガタカ』（1997 年）では，DNA の 4 つの基本塩基 G, A, T, C を名前にした宇宙施設「ガタカ」が登場する．この近未来社会では，優れた知能と体力と外見を持つように出生前の遺伝子操作された「適正者」と，欠陥のある遺伝子を持っての自然出産により産まれた「不適正者」との間で厳格な社会的差別が設けられていた．主人公は適正者しかなれない宇宙飛行士を夢み，様々な生体 ID を偽装してガタカに潜り込む．

図　人の未来を決定する DNA 二重らせん

### 第 13 章　演習問題

13-1　(1) 生命体の条件を 3 つ述べよ．
　　　(2) この条件に従って，ウイルスが生物か否かを考えよ．

13-2　細胞が生命の基本単位であることを示す例をあげて説明せよ．

13-3　脂肪燃焼は 1 g あたり 7 kcal である．体重 60 kg で体脂肪率 20% の人では脂肪が 12 kg ある．ゆっくりとしたウォーキングでは 25 kcal/10 分であるが，1 時間のウォーキングでは何 kg の脂肪を燃焼させたことになるか？

13-4　1 日 2000 kcal を摂取している体重 60 kg の男性がいる．(1) この男性の平均的な仕事率はいくらか？ (2) 生命活動のエネルギー効率が 25% の場合，生物学的仕事に使われる 1 日のカロリー量と，熱として放出される 1 日のカロリー量とはそれぞれいくらか？ (3) 人体の比熱を 0.8 kcal/kg/degree として断熱的な 1 日の温度上昇はいくらか？

13-5　放射線被曝のない医療検査・治療は次のうちどれか？　(1) X 線 CT, (2) MRI, (3) PET, (4) 超音波検査, (5) レーザー治療, (6) 重粒子線治療

## 科学史コラム 13：生命の起源とプラズマ物理

紀元前4世紀，**アリストテレス**は生気論（動物には生命としての特別な力があるとする説）に立脚して生物が泥などの無機物から自然発生的に生まれたとした．この考えは微生物が発見されるまでの2千年間近く信じられていた．人間が特別な生命体であるという考えを打破したのは，1859年のチャールズ・ダーウィン（1809-1882年，イギリス）の進化論『種の起源』である．また，無機物からの生命への進化は，1922年の**アレクサンドル・オパーリン**（1894-1980年，ソビエト連邦（現ロシア））の化学進化説があり，その実験的検証が1953年にシカゴ大学の**ハロルド・ユーリー**（1893-1981年，アメリカ）と**スタンリー・ミラー**（1930-2007年，アメリカ）の放電実験としてなされた（右図）．

地球誕生は今から46億年前であり，水素とヘリウムで満たされていたが，その後の数億年の頃には水素とヘリウムは強い太陽風で吹き飛ばされて地球内部からのガス（原始ガス）で包まれていたと考えられ，メタン（$CH_4$），アンモニア（$NH_3$），窒素（$N_2$），水素（$H_2$），水蒸気（$H_2O$），などがあったと考えられた．原始地球のガス成分の混合気体に6万ボルトの高圧を加えると，1週間後には単純なアミノ酸が精製されていることが確認された．プラズマ物理での火花放電を用いたアミノ酸合成実験である．

しかし，その後の研究の進展により，原始の大気は二酸化炭素が主体であり，予想したほどの生体有機化合物が生成しないことが明らかとなり，1969年のオーストラリアでの「マーチソン隕石」や南極の隕石から有機物が発見されるに及んで，地球の外でのアミノ酸の合成の可能性も有力視されてきている．

図　ユーリーとミラーのアミノ酸合成実験

---

物理クイズ 13 の答　③
（解説）ネズミからゾウまでの様々なサイズの哺乳類を比べてみると，「心臓の鼓動1回の時間は体重の1/4乗に比例する」というおおよその関係が成り立つ．心周期（心臓が打つ時間間隔）や呼吸周期（どの哺乳類もほぼ4回の心拍に対し1回の呼吸を行う）のような生理現象の周期もそうだし，懐胎期間や成獣になるまでの時間，寿命のような，一生に関わる時間も，ほぼ体重の1/4乗に比例する．したがって，生涯の総心拍数は体重によらず，一定となり，哺乳類ではどの動物でも，一生の間に心臓は20億回打つ．

# 第14章　素粒子物理と宇宙物理

**キーワード**

14.1 基本粒子，クォーク，レプトン，ゲージ粒子，ヒッグス粒子，反粒子，時間のはじまり，11次元膜宇宙

14.2 3つ階層構造，4つの力の統一

14.3 宇宙の膨張，ハッブルの法則，ハッブル定数，赤色偏移，ミンコフスキー時空，特殊相対論と一般相対論

14.4 シュバルツシルト半径，ダークマター，ダークエネルギー

14.5 インフレーション，ビッグバン，平坦な膨張宇宙，宇宙項（宇宙斥力）

## 14.1 物質，時間，空間の概念の進展

### 14.1.1 物質

**物質**（matter）とは，古典物理学では，「空間の一部を占め，一定の質量を持つ客観的存在」である．物質の究極の構成要素（元素）を基本粒子（素粒子）と呼ぶが．現代の相対性理論では物質は「エネルギー」の一形態であり，場の量子論では基本粒子も「場」として扱われる．

物質の**基本粒子**（fundamental particles）はクォーク，レプトン，ゲージ粒子に分類される．6種の**クォーク**（quark，アップ，ダウン，チャーム，ストレンジ，トップ，ボトム）と6種の**レプトン**（lepton）（電子，電子ニュートリノ，ミュー粒子，ミューニュートリノ，タウ粒子，タウニュートリノ），4種の**ゲージ粒子**（gauge boson）（光子，グルーオン，ウィーク・ボソン，重力子），そして，質量に関連する**ヒッグス粒子**（Higgs boson）で構成されていると考えられている．クォークは単独では取り出すことはできないが，レプトンは単独の粒子である．ゲージ粒子は基本的な力を伝える粒子である．図14.1に現在の標準模型での素粒子をまとめた．原子核物理学では質量に $MeV/c^2$ や

| クォーク | レプトン | ゲージ粒子 | ヒッグス粒子 (246,000) |
|---|---|---|---|
| アップ(3) | 電子(0.5) | | |
| ダウン(6) | 電子ニュートリノ(〜0) | グルーオン(0) | |
| ストレンジ(120) | ミュー(106) | 光子(0) | |
| チャーム(1,200) | ミューニュートリノ(〜0) | ウィークボソン | |
| ボトム(4,200) | タウ(177) | (W±(80,000), Z(91,000)) | |
| トップ(174,000) | タウニュートリノ(〜0) | 重力子(0)(未発見, 標準模型外) | |

図14.1　素粒子の標準模型
（　）内の数字は単位 $MeV/c^2$ の質量を示す

GeV/c² が用いられる．1 eV は，電子を 1 V の電圧で加速したときの運動エネルギーであり，1 MeV＝1.60×10⁻¹³ J なので，

$$1 \text{ MeV}/c^2 = 1.78 \times 10^{-32} \text{ kg}$$

である．

　素粒子には，質量や寿命は元の粒子と同じだが，電荷などが異なる**反粒子**（antiparticle）と呼ばれる粒子がある．電子に対して陽電子，陽子に対して反陽子，中性子に対して反中性子などであり，宇宙線や高エネルギー加速器実験などで生起される．例えば，エネルギーの大きい γ 線が重い原子核の近くを通過すると，γ 線が消滅して電子と陽電子の 1 対が生まれる．これを**対生成**（pair production）という（図 14.2 (a)）．逆に，粒子と反粒子とが衝突すると双方とも消滅して高エネルギー（ガンマ線）に変換される．これを**対消滅**（pair annihilation）という（図 14.2 (b)）．

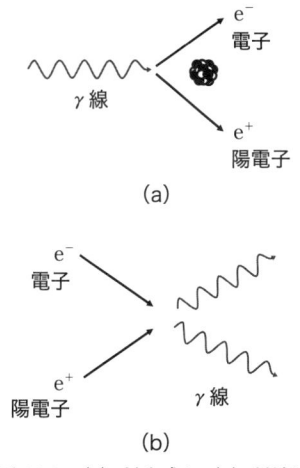

図 14.2　(a) 対生成と (b) 対消滅

## 14.1.2 時間

　**時間**（time）は過去・現在・未来と淀みなく流れている．時間に始まりはあったのか？　古代の混沌からの天地創造や輪廻の思想や，さらには，キリスト教での終末思想など，神による時間の始まりと終わりが中世まで信じられてきた．ニュートン力学の確立により時間の始まりと終わりの呪縛から解放されたかのように思われたが，**ビッグバン理論**（big bang theorem）（ガモフ説）により宇宙に始まりがあったと議論された．現在では，無からの宇宙創成（ビレンケン説）や虚数時間の導入（ホーキング説）などにより，宇宙の始まりの探求が続けられている（図 14.3）．

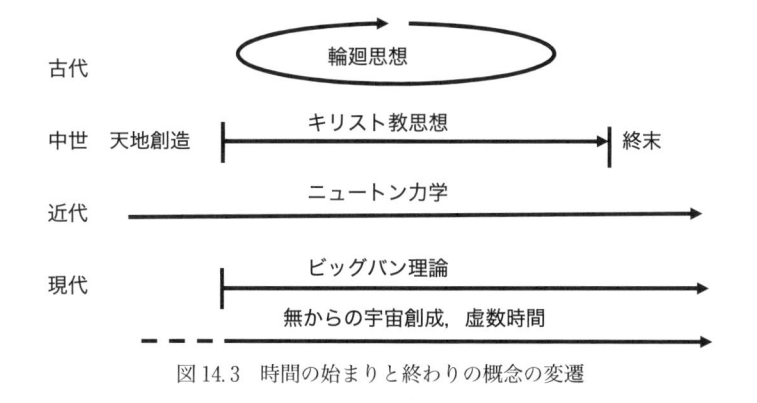

図 14.3　時間の始まりと終わりの概念の変遷

## 14.1.3 空間

　私たちの**空間**（space）は 3 次元である．直交する座標（デカルト座標）を用いて古典力学が定式化されてきた．特殊相対性理論により時間と空間による 4 次元時空（ミンコフスキー空間）が確立された．一

般相対論では，質量の存在による曲がる空間（4次元リーマン空間）が用いられた．現代の超弦理論，M理論では，さらに6つの次元が私たちの4次元時空に巻き込まれており，それが宇宙の膜（メンブレーン）につながって11次元であるとも考えられている（図14.4）．

一方，宇宙の広がりは，中世では天界は神の物質「エーテル」に満たされた人知不可能な世界であった．20世紀初頭，一般相対論により宇宙の動力学が記述され，宇宙項導入による定常宇宙が提唱されたが，実験的事実としての宇宙膨張論（ハッブル説）が確立されてきた．しかし宇宙の未来と果ては依然として謎に満ちている．

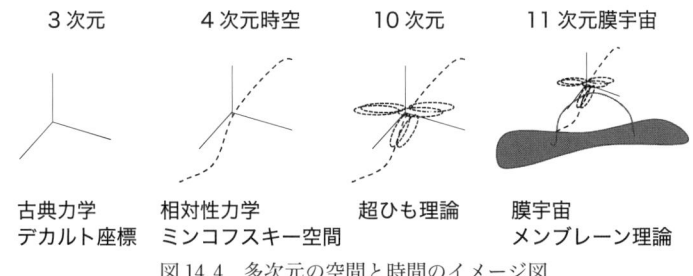

| 3次元 | 4次元時空 | 10次元 | 11次元膜宇宙 |
|---|---|---|---|
| 古典力学 デカルト座標 | 相対性力学 ミンコフスキー空間 | 超ひも理論 | 膜宇宙 メンブレーン理論 |

図14.4 多次元の空間と時間のイメージ図

> **例題 14.1** ヒッグス粒子の想定されている質量はおよそ何 $GeV/c^2$ か？ それはトップクォークの質量の約何倍か？
> （答：約 $250\,GeV/c^2$，約2倍）

## 14.2 物質の階層構造と4つの力の統一の発展

### 14.2.1 物質の階層構造

図14.5に示したように，宇宙は，核力の及ぶ「クォークの階層」，我々の身の周りの電磁力が主体の「原子の階層」，そして，重力が支配的な「星の階層」の3つの階層から成り立っている．これらの階層は，核力，電磁力，重力の3つの力の性質の相違に起因している．これらの基本力は，宇宙創成の頃には別れずに1つだったと考えられている．宇宙創生の解明のためにも，現在，クォークの量子論と星の重力理論の統一した新たな理論の構築が進められている．

### 14.2.2 4つの力の統一の発展

力学，熱力学，電磁気学が古典物理学の3つの柱であるが，現代物理学としての相対性理論と量子論とにより，新たな学問的展開がなされてきた．究極の素粒子の探求と，そこに働く相互作用に関連して研究が進展し，重力，電磁力，強い力，弱い力の4つの力を統一して理解できる理論の構築が進められている（科学史コラム5）．

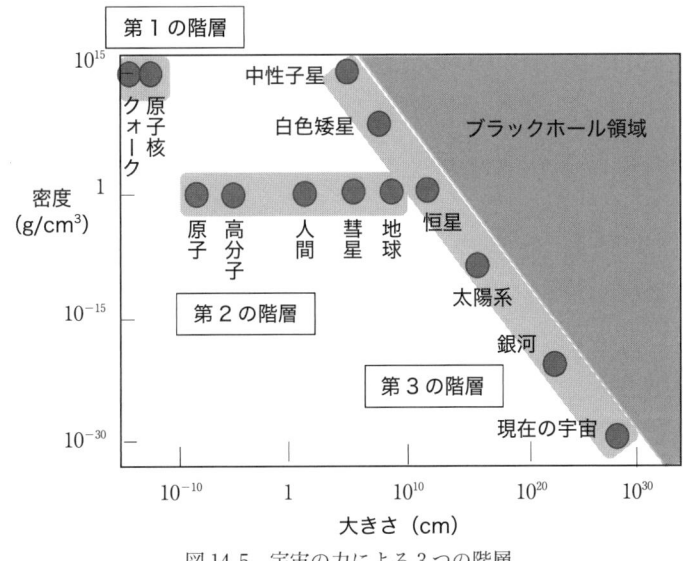

図 14.5 宇宙の力による3つの階層

> 例題 14.2. 物質の階層構造の生成は，どのように理解できるか．
> （答：重力，電磁力，核力の作用）

## 14.3 宇宙の生成と膨張

### 14.3.1 宇宙の生成

宇宙はおよそ138億年前に $10^{-33}$ cm（ドイツの物理学者マックスプランクにちなんでの最小長さ「プランク長さ」と呼ばれる）で $10^{32}$ K ($10^{19}$ GeV：プランクエネルギー）のミクロ空間から始まったと考えられている．宇宙の始まりから $10^{-44}$ 秒後（プランク時間）に超高温・超高密度で極微なこの宇宙が急激に加速膨張され（インフレーション），$10^{-36}$ 秒後にビッグバン（大爆発）が起こった．その後，素粒子の究極の構成要素としての「クォークとレプトンの世界」が広がり，$10^{-4}$ 秒後にはハドロンとレプトンの世界に変わる．〜1秒後には元素の合成（核融合）が行われ，「光子の世界」から「物質の世界」へと宇宙が膨張し，温度の低下が起こり，今から46億年前には我が太陽系が誕生した．

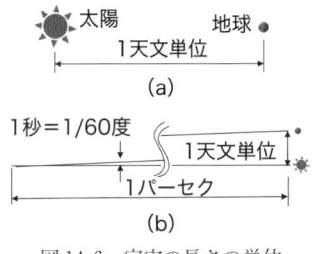

図 14.6 宇宙の長さの単位
(a) 天文単位と (b) パーセク

### 14.3.2 宇宙の膨張（ハッブルの法則）

宇宙での近くの星の距離の測定には，**視差**（parallax）が用いられる．**1天文単位**（astronomical unit, 記号は au, 地球と太陽との距離で約 $1.496 \times 10^{11}$ m〜500 光秒）を見た時1秒（3600分の1度）の角度になる距離を1**パーセク**（parsec, 記号は pc）という（図 14.6）．

天文単位
1 au = $1.496 \times 10^{11}$ m

パーセク
1 pc = $3.09 \times 10^{16}$ m
    = 3.26 光年

1 光年 = $9.46 \times 10^{15}$ m

$$1\,\text{pc} = 3.09 \times 10^{16}\,\text{m} = 3.26\,\text{光年}$$

星の運動速度を観察するにはドップラー効果が用いられる．10.5節で述べたドップラー効果に特殊相対論効果を入れて考える．振動数 $f = \dfrac{1}{T}$ の光源が観測者に対して速度 $V$ で遠ざかる場合，観測者は光の振動数が $\dfrac{c}{c+V}$ 倍になったように観測する．したがって，周期 $T$ はその逆数 $\dfrac{c+V}{c}$ 倍になる．次に，観測者の時計で測った光の周期 $T'$ は，光源に固定された時計の刻む時間がローレンツ因子の逆数 $\dfrac{1}{\gamma} = \sqrt{1 - \left(\dfrac{V}{c}\right)^2}$ の割合で遅れるので，

$$T' = T \frac{1 + \dfrac{V}{c}}{\gamma} = T \sqrt{\frac{1 + \dfrac{V}{c}}{1 - \dfrac{V}{c}}} \tag{14.1}$$

したがって，波長は $\lambda = cT$，$\lambda' = cT'$ より

$$\lambda' = \lambda \sqrt{\frac{1 + \dfrac{V}{c}}{1 - \dfrac{V}{c}}} \tag{14.2}$$

となる．$V \ll c$ の場合には，$\lambda' = \lambda + \Delta\lambda \sim \lambda\left(1 + \dfrac{V}{c}\right)$ から

$$\frac{\Delta\lambda}{\lambda} \sim \frac{V}{c} \tag{14.3}$$

が得られる．近づく（$V<0$）星からの光の波長は減少する（$\Delta\lambda < 0$）．一方，遠ざかる（$V>0$）星からの光のスペクトルは波長が長くなる（$\Delta\lambda > 0$）．これを **赤色偏移**（redshift）という．

現在，宇宙は膨張している．観測者から見てすべての銀河は遠ざかっており，ドップラー効果による光の赤色偏移を用いて，「遠ざかる銀河の速度 $V$ は観測者からの距離 $R$ に比例する」ことがハッブルにより1929年に発見された（図 14.7）．これを **ハッブルの法則**（Hubble's law）という．

$$V = H_0 R \tag{14.4}$$

その係数 $H_0$ を **ハッブル定数**（Hubble constant）と呼ぶ．百万パーセク（Mpc，約 328 万光年）の単位で測って，ハッブルが求めた当時の数値は約 500 であった（図 14.7 (b)）が，観測衛星プランクによる 2013 年の測定結果では

$$H_0 = 67.15 \pm 1.2\,\text{km/s/Mpc}$$

である．

宇宙誕生からおよそ 38 万年後の宇宙の姿が 1992 年に宇宙背景放射探査衛星 COBE（コービー）により調べられ，宇宙初期からの温度のゆらぎが確認された．この初期の微小な密度のゆらぎが，星の生成，

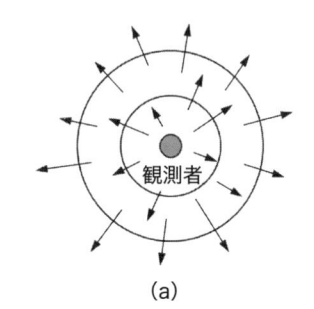

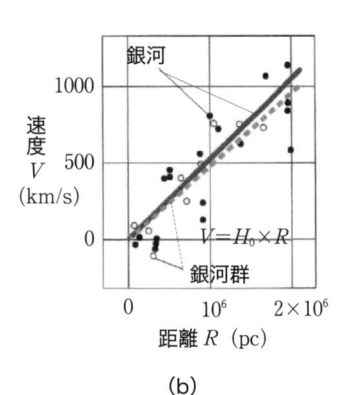

図 14.7 (a) 宇宙の膨張と (b) ハッブルの歴史的なデータ（1929 年）

$H_0 \sim 70\,\text{km/s/Mpc}$

銀河，そして銀河団などの宇宙の大規模構造へと発展した源であると考えられている．

2003 年には NASA（アメリカ航空宇宙局）のマイクロ波非等方性探査衛星 WMAP により，感度が 10 倍以上の詳細な観測が可能となり，この結果から，宇宙は曲がりのない平坦な世界であり，年齢は 137.2±1.2 億年であり，加速膨張が続くことが示された．最近（2015 年現在）のより正確な値は 137.98±0.37 億年である．

### 14.3.3 特殊相対論（等速運動系）

特殊相対性原理（等速運動座標系での物理法則の不変性）と光速不変の原理を用いて高速の物質の運動を記述する．「ガリレオ変換」では「絶対時間」を使用したが，「ローレンツ変換」では時間の遅れと長さの縮みを考慮した「相対論的時間」を考える．

**ミンコフスキー空間**（Minkowski space）を 4 次元座標 $(x, y, z, ict)$ で表し，$ds$：線素，あるいは，世界間隔 $ds^2 = (cdt)^2 - (d\mathbf{x})^2 - (d\mathbf{y})^2 - (d\mathbf{z})^2$ を記述すると，時空の流れは，光円錐の中の時間的な曲線としての**世界線**（world line）で表される（図 14.8）．

運動量・エネルギーの 4 元ベクトルを定義して，運動方程式をローレンツ変換不変となるように質量を以下のように定義できる．

$$m = \frac{m_0}{\sqrt{1-\dfrac{v^2}{c^2}}} \equiv m_0 \gamma \tag{14.5}$$

$$W = mc^2 = m_0 c^2 + \frac{1}{2} m_0 v^2 + \frac{3}{8} m_0 \frac{v^4}{c^2} + \cdots + \tag{14.6}$$

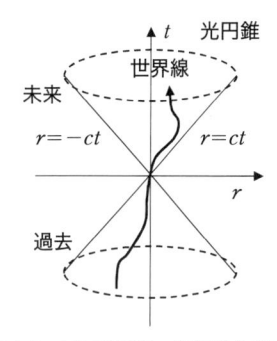

図 14.8　4 次元時空の光円錐と世界線

ここで，第 1 項は静止エネルギー，第 2 項は運動エネルギー，第 3 項以降は相対論的補正である．実際の自動車などのナビゲーションシステムに利用されている **GPS**（Global Positioning System，全地球測位システム）では，この相対論効果の補正による精度の高い位置検出が行われている．

### 14.3.4 一般相対論（加速度運動を含む系）

一般相対性原理（座標系に依存せず物理法則は不変である）と等価原理（慣性質量と重力質量は等価である）を基に導入され，物質のエネルギー運動量分布が空間の曲がりを規定することが示されている．

古典論では物質の分布の密度を $\rho$ として重力ポテンシャルを $\phi$ とすると $\Delta\phi = 4\pi G\rho$ であるが，一般相対性理論では $G_{ij} - \Lambda g_{ij} = \dfrac{8\pi G}{c^4} T_{ij}$ のアインシュタイン方程式に拡張された．ここで，$G_{ij}$ はアインシュタインテンソル，$\Lambda$ は宇宙定数，$g_{ij}$ は時空の計量テンソル，$T_{ij}$ はエネルギー・運動量テンソルである．時空の曲がり（左辺）が物質の分布

(右辺) とどのような関係かを示している．一般相対性理論が正しいことは，強い重力により光が曲げられることなどにより実験的に検証されている．

> **例題 14.3** 光速の 50% の速度で動いている物体の質量は，静止質量の何倍になるか．
> （答：$\gamma = \dfrac{1}{\sqrt{1-0.5^2}} = 1.15$ 倍）

## 14.4 暗黒物質と暗黒エネルギー

### 14.4.1 銀河系

夜空に輝く天の川が恒星の集団であることは，1600 年代初めにガリレオ・ガリレイによる望遠鏡でも観測されていた．天王星を発見した天文学者ウイリアム・ハーシェルは，1785 年に恒星をあらゆる方向について観測して総数 3 千個に及ぶ星の数を数え，円盤状の天の川銀河の構造を初めて明らかにした．

私たちの太陽系がある銀河は，「天の川銀河」あるいは単に「銀河系」と呼ばれている．中央部分には比較的古い星で構成されている密度の高い**バルジ**（中心の膨らみ部）があり，その周りに若い星や星間物質でできた直径 8 万光年の**ディスク**（薄い円盤）から成り立っている（図 14.9）．

太陽が銀河中心を一周するのに約 2 億 5 千万年かかり，銀河の中心には大質量の**ブラックホール**（Black hole）があると考えられている．

図 14.9 銀河系の構造
太陽は銀河中心から 2 万 5 千光年．

### 14.4.2 ブラックホールと暗黒物質

重力によるポテンシャルエネルギー $\dfrac{GmM}{r}$ が運動エネルギー $\dfrac{1}{2}mv^2$ より大きい場合，すなわち $r < \dfrac{2GM}{v^2}$ のときには，物体が重力場から脱出することは不可能である．$v$ を光速 $c$ に置き換えると

$$r < r_G = \frac{2GM}{c^2} \tag{14.7}$$

となる．これは**シュバルツシルト半径**（Schwarzschild radius）と言われており，この半径内からは光も飛び出すことはできず，観測不可能となる．

天の川銀河は回転を伴った円盤銀河である．銀河系のディスクの広い範囲で回転速度が一定であり（図 14.10），銀河中心から約 2 万 5 千光年の太陽より外側ではむしろ増加している．銀河中心に通常の物質が多く確認されているので，回転速度は通常は距離とともに減少するはずである．しかし，速度がほぼ一定であることから，銀河中心の他に，銀河内の随所にも**暗黒物質**（dark matter，**ダークマター**）が存在

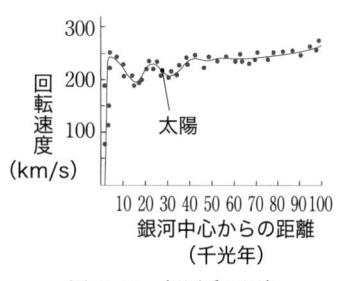

図 14.10 銀河系の回転

していることが示唆されている．暗黒物質とは白色矮星やブラックホールなどの単純に見えない天体かもしれないし，あるいは，光と相互作用しないニュートラリノや超対称性粒子などの素粒子かもしれない．

### 14.4.3 暗黒エネルギー

現代物理学では，私たちの知っている通常の物質（バリオン）は4%にすぎない．銀河や銀河団の中心を満たしている暗黒物質（ダークマター）が23%，そして，宇宙全体に広がっている**暗黒エネルギー**（dark energy，**ダークエネルギー**）が73%である（図14.11）．暗黒エネルギーとは宇宙の膨張エネルギーでありアインシュタインの宇宙項に相当する斥力エネルギーである．真空エネルギーや第5の力の元素としてのクインテッセンスなどが議論されている．

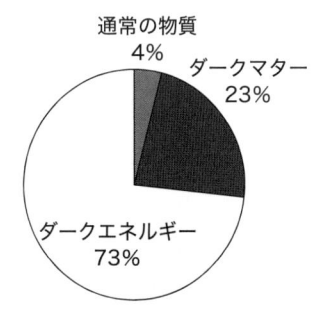

図 14.11 宇宙の物質とエネルギー

> **例題 14.4** 中心に大質量 $M$ の高密度バルジだけがあるとして，バルジの外側での半径 $R$ での回転する質量 $m$ の銀河がある．回転速度 $V$ の $R$ 依存性を求めよ． （答：$\dfrac{mV^2}{R} = \dfrac{GmM}{R^2} \therefore V = \sqrt{\dfrac{GM}{R}} \propto \dfrac{1}{\sqrt{R}}$）

## 14.5 宇宙の未来

宇宙は「無」から作られ，インフレーションを経てビッグバンが起こり膨張を続けている．現在は第2のインフレーションの始まりではないかと考えられている．宇宙はこのまま加速膨張していくと（開いた宇宙であるとすると），私たちの到達可能な物質領域がますます狭くなって，人類は無限の宇宙に活動を広げることは不可能となる．約千兆年後には宇宙の温度は絶対零度に近づき，すべての星は輝きを失ってしまう．物質の密度は減少し続け，やがては陽子も崩壊して，混沌とした宇宙に戻ってしまう．

何らかの「相転移」により加速膨張が止まる場合には，人類の宇宙への羽ばたきが容易となる．さらに，収縮（閉じた宇宙）に転じる可能性もある．宇宙のすべての物質が1点に押し潰されてしまうビッグクランチに向けて進むことになる．

宇宙の膨張は収縮（重力）と膨張（ダークエネルギー，宇宙定数）のバランスで定まるが，現在の宇宙は平坦な宇宙であり宇宙項（宇宙斥力）がある系であると考えられている（図14.12）．マイクロ波非等方性探査衛星 WMAP により，宇宙は曲がりのない平坦な世界であり，加速膨張が続くことが示されたのである．

宇宙の未来がどうなるのかは未知である．宇宙は刻々と変化している．人類は宇宙の未来への謎解きに挑戦し続けることになるであろう．

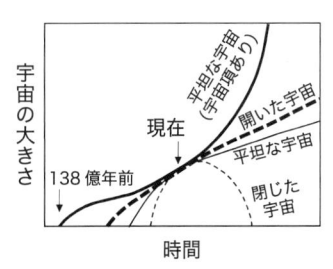

図 14.12 宇宙の推移
我々の宇宙は，平坦で宇宙定数（宇宙斥力）ありと考えられている．

130　第14章　素粒子物理と宇宙物理

> **例題 14.5** 宇宙論における宇宙原理とは何か．
> （答：宇宙は一様で等方であるとみなす考え方）

### 物理クイズ 14：光速ロケット（3択問題）

七夕で有名なこと座のベガは太陽系から約 25 光年の距離である．仮に，光速近く（亜光速，例えば光速の9割）で飛ぶロケットができ，人間はどのような加速度にも耐えられるとすると，ベガの4倍の距離の100 光年離れた星に，寿命 80 歳の人類は到達できるであろうか？
　　　①原理的に可能
　　　②絶対不可能
　　　②どちらとも言えない

### 映画の中の物理 14：地球外惑星と宇宙資源
（映画『アバター』）

　一般的に，資源の価格は生産量の平方根に反比例する．鉄やアルミニウムは非常に安価であり，1 kg あたり 10 円〜100 円であるが，金や白金はこの反比例則には従わず，1 kg あたり 50 万〜100 万円である．地上でもっとも高価な鉱物としては，火星からの隕石等があり学術的にも貴重であり，金の約 50 倍の値段が付けられている．
　SF 映画『アバター』（2009 年）では，宇宙資源として「アンオブタニウム」が登場する．得ることができないという名の超伝導性物質という想定である．キログラムあたり2千万ドル（20億円）であり，現在の金やプラチナ（50-100 万円／kg）やウラン精鉱（1 万円／kg）に比して破格の値段（金の値段の4千倍）が想定されている．この宇宙資源をめ

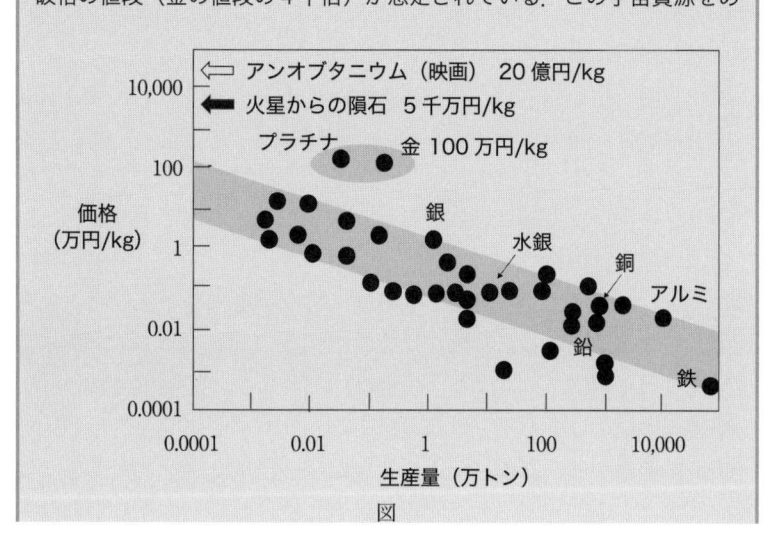

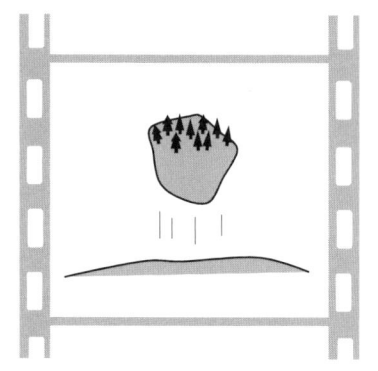

図　衛星パンドラの空中に浮かぶハレルヤマウンテン

ぐっての，バイオテクノロジー，エネルギーと環境問題，そして原住民との愛が映画のテーマである．

## 第14章　演習問題

14-1　電子，陽電子の対消滅により生成されるガンマ線のエネルギーは，何 MeV か．

14-2　原子核内の陽子間の以下の力に関するポテンシャルエネルギーを求めよ，距離を $r=1.76 \times 10^{-15}$ [m] とせよ．(1) 万有引力ポテンシャル，(2) 静電ポテンシャル，(3) 核力ポテンシャルとして，また，静電ポテンシャルを1として，(1):(2):(3) の比を求めよ．

14-3　宇宙が生成から一定の速度で膨張していると仮定した場合，ハッブル定数 $H_0$ と宇宙の年齢 $T$ の関係を示し，宇宙の年齢を推定せよ．

14-4　地上では紫色の 4340.5 Å の水素バルマー系列のガンマ線の線スペクトルが，ある銀河からの光として波長 4774.6 Å の位置に観測された．この銀河の後退速度と地球からの距離を求めよ．

14-5　万有引力定数を $6.67 \times 10^{-11}$ Nm² kg⁻² とし，地球の半径 $6.37 \times 10^6$ m，地球の質量 $5.97 \times 10^{24}$ kg，太陽の半径 $6.96 \times 10^8$ m，太陽の質量 $1.99 \times 10^{30}$ kg として，以下を計算せよ．
(1) 現在の地球の質量を持つ星がブラックホールとなるためには，どの程度の大きさに圧縮できればよいかを求めよ．
(2) また，太陽の場合にはどの程度の大きさであればよいか？
(3) 実際にはこのような小さな質量のブラックホールは存在しない．その理由を考えよ．

### 科学史コラム 14：大数仮説と人間原理

宇宙，物質，生命の進化は，単純から複雑への変遷である．人間が他の動物と異なるのは「知性を持つ」ことであろうが，知的生命体としての人間は宇宙の中では非常に小さな塵にすぎないかもしれない．

さて，現在の宇宙が存在するのは，なぜであろうか．「そこに知的生命体としての人間が存在するからである」とする考え「人間原理」が，アーサー・エディントン（1882-1944年，イギリス）やポール・ディラク（1902-1984年，イギリス）により提唱されてきた．ディラクにより，宇宙の巨大数仮説として，(1) 素粒子間の電磁力と重力との比，(2) 宇宙と素粒子の大きさの比，(3) 宇宙にある陽子の数の平方根，の3つが近似的に $10^{40}$ であることが指摘された．我々の宇宙と人間とが特別な存

在であるとの特異な考えに到達するが，多数の並行宇宙や多次元膜宇宙の存在を仮定すると疑問が解決されるのかもしれない．

物理クイズ 14 の答　①
（解説）200 光年とは地球の静止系での距離であり，光速を $c$，ロケット速度を $v$ とすると，この距離は $200\sqrt{1-\left(\dfrac{v}{c}\right)^2}$ 光年となるので，例えば $v \sim 0.99\,c$ のときは 28 光年となる．出発と到着での加速や減速を大きくして短時間に行えば，原理的に可能となる．

# 付録

## A. 物理定数

| 名称 | 記号 | 数値 | 単位 |
|---|---|---|---|
| 〈重力と電磁気〉 | | | |
| 重力加速度（標準） | $g$ | 9.80665 | $m/s^2$ |
| 万有引力定数 | $G$ | $6.6741 \times 10^{-11}$ | $Nm^2/kg^2$ |
| 真空中の光速（定義） | $c$ | $2.99792458 \times 10^8$ | $m/s$ |
| 真空の誘電率（定義） | $\varepsilon_0 = \dfrac{1}{\mu_0 c^2}$ | $8.8542 \times 10^{-12}$ | $F/m$ |
| 真空の透磁率（定義） | $\mu_0 = 4\pi \times 10^{-7}$ | $1.2566 \times 10^{-6}$ | $H/m$ |
| 〈気体〉 | | | |
| アボガドロ数 | $N_A$ | $6.0221 \times 10^{23}$ | $/mol$ |
| ボルツマン定数 | $k_B$ | $1.3806 \times 10^{-23}$ | $J/K$ |
| ファラデー定数 | $F = N_A e$ | $9.6485 \times 10^4$ | $C/mol$ |
| 1モルの気体定数 | $R = N_A k_B$ | 8.3145 | $J/(mol \cdot K)$ |
| 理想気体の体積 | $V_0$ | $2.2414 \times 10^{-2}$ | $m^3/mol$ |
| 〈原子〉 | | | |
| 電子の電荷 | $e$ | $1.6022 \times 10^{-19}$ | $C$ |
| 電子の質量 | $m_e$ | $9.1094 \times 10^{-31}$ | $kg$ |
| 陽子の質量 | $m_p$ | $1.6726 \times 10^{-27}$ | $kg$ |
| 中性子の質量 | $m_n$ | $1.6749 \times 10^{-27}$ | $kg$ |
| 電子の古典的半径 | $r_e = \dfrac{e^2}{4\pi \varepsilon_0 m_e c^2}$ | $2.8179 \times 10^{-15}$ | $m$ |
| プランク定数 | $h$ | $6.6261 \times 10^{-34}$ | $J \cdot s$ |
| 換算プランク定数 | $\hbar$ | $1.0546 \times 10^{-34}$ | $J \cdot s$ |
| 電子の比電荷 | $\dfrac{e}{m_e}$ | $1.7588 \times 10^{11}$ | $C/kg$ |
| 量子電荷比 | $\dfrac{h}{e}$ | $4.1356 \times 10^{-15}$ | $J \cdot s/C$ |
| 1原子量の質量 | $m_u = 1u$ | $1.6605 \times 10^{-27}$ | $kg$ |
| ボーア半径 | $a_0 = \dfrac{4\pi \varepsilon_0 \hbar^2}{m_e e^2}$ | $5.2918 \times 10^{-11}$ | $m$ |
| 電子の静止エネルギー | $m_e c^2$ | 0.5110 | $MeV$ |
| 陽子の静止エネルギー | $m_p c^2$ | 0.9383 | $GeV$ |
| 電子のコンプトン波長 | $\lambda_c = \dfrac{h}{m_e c}$ | $2.4263 \times 10^{-12}$ | $m$ |

距離：天文単位　　　1 au $= 1.4960 \times 10^{11}$ m　（地球と太陽との距離）
　　　光年　　　　　1 ly $= 9.4607 \times 10^{15}$ m
熱量：カロリー（熱力学）　1 cal $= 4.184$ J
エネルギー：電子ボルト　　1 eV $= 1.6022 \times 10^{-19}$ J

## B. SI単位系（国際単位系）：基本単位（7つ）と補助単位（2つ）

(SI：仏語 Le Système International d'Unités)

| 量 | 名称 | 記号 |
|---|---|---|
| 〈基本単位〉 | | |
| 長さ | メートル | m |
| 質量 | キログラム | kg |
| 時間 | 秒 | s |
| 電流 | アンペア | A |
| 温度 | ケルビン | K |
| 物質量 | モル | mol |
| 光度 | カンデラ | cd |
| 〈補助単位〉 | | |
| 角 | ラジアン | rad |
| 立体角 | ステラジアン | sr |

## C. 単位系の接頭語

| 記号 | 読み方 | 大きさ |
|---|---|---|
| Y | ヨタ (yotta) | $10^{24}$ |
| Z | ゼタ (zetta) | $10^{21}$ |
| E | エクサ (exa) | $10^{18}$ |
| P | ペタ (peta) | $10^{15}$ |
| T | テラ (tera) | $10^{12}$ |
| G | ギガ (giga) | $10^{9}$ |
| M | メガ (mega) | $10^{6}$ |
| k | キロ (kilo) | $10^{3}$ |
| h | ヘクト (hector) | $10^{2}$ |
| da | デカ (deca) | $10^{1}$ |

| 記号 | 読み方 | 大きさ |
|---|---|---|
| d | デシ (deci) | $10^{-1}$ |
| c | センチ (centi) | $10^{-2}$ |
| m | ミリ (milli) | $10^{-3}$ |
| $\mu$ | マイクロ (micro) | $10^{-6}$ |
| n | ナノ (nano) | $10^{-9}$ |
| p | ピコ (pico) | $10^{-12}$ |
| f | フェムト (femto) | $10^{-15}$ |
| a | アト (atto) | $10^{-18}$ |
| z | ゼプト (zepto) | $10^{-21}$ |
| y | ヨクト (yocto) | $10^{-24}$ |

## D. ギリシャ文字一覧

| | | | |
|---|---|---|---|
| A, $\alpha$ | アルファ | N, $\nu$ | ニュー |
| B, $\beta$ | ベータ | $\Xi, \xi$ | グザイ（クシー，クサイ） |
| $\Gamma, \gamma$ | ガンマ | O, o | オミクロン |
| $\Delta, \delta$ | デルタ | $\Pi, \pi$ | パイ |
| E, $\varepsilon$ | イプシロン | P, $\rho$ | ロー |
| Z, $\zeta$ | ゼータ | $\Sigma, \sigma$ | シグマ |
| H, $\eta$ | イータ（エータ） | T, $\tau$ | タウ |
| $\Theta, \theta$ | シータ（テータ） | Y, $\upsilon$ | ウプシロン（ユプシロン） |
| I, $\iota$ | イオタ | $\Phi, \varphi$ | ファイ |
| K, $\kappa$ | カッパ | X, $\chi$ | カイ |
| $\Lambda, \lambda$ | ラムダ | $\Psi, \psi$ | プサイ |
| M, $\mu$ | ミュー | $\Omega, \omega$ | オメガ |

## E. ベクトル公式

太字 $A, B, C$ はベクトル，細字 $a, b$ はスカラーを表す．

ベクトルの成分表示
$$A = (A_x, A_y, A_z) = A_x\boldsymbol{i} + A_y\boldsymbol{j} + A_z\boldsymbol{k}$$

ここで，$\boldsymbol{i}, \boldsymbol{j}, \boldsymbol{k}$ は $x$ 軸，$y$ 軸，$z$ 軸の単位ベクトル．これを基本ベクトルといい，$\boldsymbol{e}_x, \boldsymbol{e}_y, \boldsymbol{e}_z$ とも書く．

内積（スカラー積）

$\boldsymbol{A} \cdot \boldsymbol{B} = |\boldsymbol{A}||\boldsymbol{B}|\cos\theta = A_xB_x + A_yB_y + A_zB_z$ （意味：投射した長さの積，力と変位に対する仕事（エネルギー））

$\boldsymbol{A} \cdot \boldsymbol{B} = \boldsymbol{B} \cdot \boldsymbol{A}$ （交換則）

$a(\boldsymbol{A} \cdot \boldsymbol{B}) = (a\boldsymbol{A}) \cdot \boldsymbol{B} = \boldsymbol{A} \cdot (a\boldsymbol{B})$ （結合則）

$\boldsymbol{A} \cdot (\boldsymbol{B} + \boldsymbol{C}) = \boldsymbol{A} \cdot \boldsymbol{B} + \boldsymbol{A} \cdot \boldsymbol{C}$ （分配則）

外積（ベクトル積）

$|\boldsymbol{A} \times \boldsymbol{B}| = |\boldsymbol{A}||\boldsymbol{B}|\sin\theta$ （意味：大きさは平行四辺形の面積）

$\boldsymbol{A} \times \boldsymbol{B} = (A_yB_z - A_zB_y, A_zB_x - A_xB_z, A_xB_y - A_yB_x)$

$\boldsymbol{A} \times \boldsymbol{B} = -\boldsymbol{B} \times \boldsymbol{A}$ （交換則は成り立たない）

$a(\boldsymbol{A} \times \boldsymbol{B}) = (a\boldsymbol{A}) \times \boldsymbol{B} = \boldsymbol{A} \times (a\boldsymbol{B})$ （結合則）

$\boldsymbol{A} \times (\boldsymbol{B} + \boldsymbol{C}) = \boldsymbol{A} \times \boldsymbol{B} + \boldsymbol{A} \times \boldsymbol{C}$ （分配則）

$$\boldsymbol{A} \times \boldsymbol{B} = \begin{vmatrix} \boldsymbol{e}_x & \boldsymbol{e}_y & \boldsymbol{e}_z \\ A_x & A_y & A_z \\ B_x & B_y & B_z \end{vmatrix}$$

公式

$\boldsymbol{A} \cdot (\boldsymbol{B} \times \boldsymbol{C}) = \boldsymbol{B} \cdot (\boldsymbol{C} \times \boldsymbol{A}) = \boldsymbol{C} \cdot (\boldsymbol{A} \times \boldsymbol{B}) \equiv [\boldsymbol{ABC}]$ （スカラー三重積，

$\boldsymbol{A} \cdot (\boldsymbol{B} \times \boldsymbol{C}) = (\boldsymbol{A} \times \boldsymbol{B}) \cdot \boldsymbol{C}$ 　　　　　意味：平行六面体の体積）

$\boldsymbol{A} \times (\boldsymbol{B} \times \boldsymbol{C}) = (\boldsymbol{A} \cdot \boldsymbol{C})\boldsymbol{B} - (\boldsymbol{A} \cdot \boldsymbol{B})\boldsymbol{C}$ （ベクトル三重積）

$\boldsymbol{A} \times (\boldsymbol{B} \times \boldsymbol{C}) + \boldsymbol{B} \times (\boldsymbol{C} \times \boldsymbol{A}) + \boldsymbol{C} \times (\boldsymbol{A} \times \boldsymbol{B}) = 0$ （ヤコビの恒等式）

## F. 三角関数

定義

$\sin\theta = \dfrac{y}{r}, \quad \cos\theta = \dfrac{x}{r}, \quad \tan\theta = \dfrac{\sin\theta}{\cos\theta} = \dfrac{y}{x}$

$\sin^2\theta + \cos^2\theta = 1$ （三平方の定理）

$\sin(-\theta) = -\sin\theta$ （奇関数）

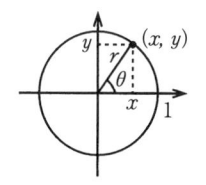

$\cos(-\theta) = \cos\theta$ （偶関数）

加法定理

$\sin(\theta + \varphi) = \sin\theta\cos\varphi + \cos\theta\sin\varphi$

$\cos(\theta + \varphi) = \cos\theta\cos\varphi - \sin\theta\sin\varphi$

倍角公式

$\sin 2\theta = 2\sin\theta\cos\theta, \quad \cos 2\theta = \cos^2\theta - \sin^2\theta = 2\cos^2\theta - 1$

図　三角関数
$x = r\cos\theta$
$y = r\sin\theta$

半角公式

$$\sin^2\frac{\theta}{2}=\frac{1-\cos\theta}{2}, \quad \cos^2\frac{\theta}{2}=\frac{1+\cos\theta}{2}$$

## G. 指数関数，対数関数

$y=e^x$ （指数関数）
$x=\log_e y=\ln y$ （自然対数関数）
$a^0=1, \ a^{m+n}=a^m a^n, \ a^{-n}=\dfrac{1}{a^n}$
$\log 1=0, \ \log(AB)=\log A+\log B, \ \log(A^n)=n\log A$
$\log_a b=\dfrac{\log b}{\log a}$
$e=\lim_{n\to\infty}\left(1+\dfrac{1}{n}\right)^n=\lim_{x\to 0}(1+x)^{\frac{1}{x}}=2.71828\cdots$
　　　　　　（自然対数の底），ネイピア数）

$e^x=\sum_{n=0}^{\infty}\dfrac{x^n}{n!} \qquad 0!=1$

$\cos x=\sum_{n=0}^{\infty}\dfrac{(-1)^n}{(2n)!}x^{2n} \qquad \sin x=\sum_{n=0}^{\infty}\dfrac{(-1)^n}{(2n+1)!}x^{2n+1}$

複素数表示 ($a+b\mathrm{i}$；$a,b$ は実数，$\mathrm{i}$ は虚数単位，$\mathrm{i}^2=-1$) を用いると
オイラーの公式
$\quad e^{\mathrm{i}\theta}=\cos\theta+\mathrm{i}\sin\theta$
オイラーの等式
$\quad e^{\mathrm{i}\pi}+1=0$

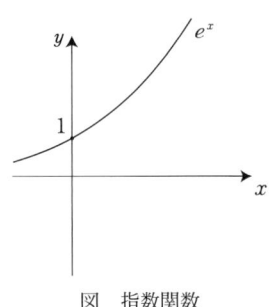

図　指数関数

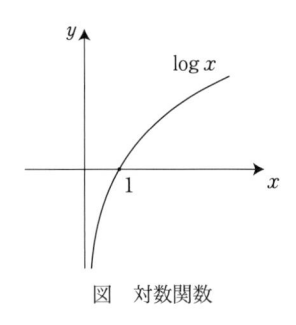

図　対数関数

## H. 微分，積分

微分の定義（意味：関数の接線の傾き）

$$\frac{\mathrm{d}f(x)}{\mathrm{d}x}=\lim_{\Delta x\to 0}\frac{f(x+\Delta x)-f(x)}{\Delta x}$$

積分の定義（意味：関数と x 軸との間の正負を考慮した総面積）

$$\int_{x_1}^{x_2}f(x)dx=\lim_{n\to\infty}\sum_{k=0}^{n}f(x_k)\Delta x$$

ここで，$x_k=x_1+k\Delta x, \ \Delta t=\dfrac{x_2-x_1}{n}$ である．
$\dfrac{\mathrm{d}F(x)}{\mathrm{d}t}=f(x)$ となる関数 $F(x)$ を $f(x)$ の原始関数といい，$f(x)$ を $F(x)$ の導関数という．

初等関数の微分・積分

| 関数 $y(x)$ | 導関数 $\dfrac{\mathrm{d}y}{\mathrm{d}x}$ | 原始関数 $\int y\mathrm{d}x$ |
|---|---|---|
| $x^n$ | $nx^{n-1}$ | $\left(\dfrac{1}{n+1}\right)x^{n+1}+C(n\neq -1)$ |
| $\sin x$ | $\cos x$ | $-\cos x+C$ |
| $\cos x$ | $-\sin x$ | $\sin x+C$ |
| $\tan x$ | $\dfrac{1}{\cos^2 x}$ | $-\log|\cos x|+C$ |
| $e^x$ | $e^x$ | $e^x+C$ |
| $\log x$ | $1/x$ | $x\log x-x+C$ |
| $1/x$ | $-x^{-2}$ | $\log|x|+C$ (*) |

(*) 複素数に拡張して $\int\dfrac{1}{x}\mathrm{d}x=\log x+C$ として絶対値記号を略してもよい．

この場合には，積分定数 $C$ も複素数と考える．オイラーの等式（前頁）から

$\quad \log(-1)=\mathrm{i}(2n+1)\pi \quad$ ($n$：整数)

であることがわかる．

微分公式

$$\frac{\mathrm{d}(af+bg)}{\mathrm{d}x}=a\frac{\mathrm{d}f}{\mathrm{d}x}+b\frac{\mathrm{d}g}{\mathrm{d}x} \qquad f=f(x), g=g(x),\ a\ と\ b\ は定数$$

$$\frac{\mathrm{d}(fg)}{\mathrm{d}x}=\left(\frac{\mathrm{d}f}{\mathrm{d}x}\right)g+f\left(\frac{\mathrm{d}g}{\mathrm{d}x}\right) \qquad f=f(x), g=g(x) \qquad (積の微分)$$

$$\frac{\mathrm{d}z}{\mathrm{d}x}=\left(\frac{\mathrm{d}z}{\mathrm{d}y}\right)\left(\frac{\mathrm{d}y}{\mathrm{d}x}\right) \qquad z=z(y), y=y(x) \qquad (合成関数の微分)$$

積分公式

$$\int(af+bg)\mathrm{d}x=a\int f\mathrm{d}x+b\int g\mathrm{d}x \qquad f=f(x), g=g(x),\ a\ と\ b\ は定数$$

$$\int f\left(\frac{\mathrm{d}g}{\mathrm{d}x}\right)\mathrm{d}x=fg-\int\left(\frac{\mathrm{d}f}{\mathrm{d}x}\right)g\mathrm{d}x \qquad f=f(x), g=g(x) \qquad (部分積分)$$

$$\int y(x)\mathrm{d}x=\int y(x(t))\frac{\mathrm{d}x(t)}{\mathrm{d}t}\mathrm{d}t \qquad y=y(x), x=x(t) \qquad (置換積分)$$

ベクトル微分公式

$$\nabla=\left(\frac{\partial}{\partial x},\frac{\partial}{\partial y},\frac{\partial}{\partial z}\right)$$

$\varphi, \psi$ はスカラー，$\boldsymbol{A}, \boldsymbol{B}$ はベクトルとして

 grad($\nabla$) 公式

$$\nabla(\varphi\psi)=(\nabla\varphi)\psi+\varphi\nabla\psi$$

$$\nabla(\boldsymbol{A}\cdot\boldsymbol{B})=(\boldsymbol{B}\cdot\nabla)\boldsymbol{A}+(\boldsymbol{A}\cdot\nabla)\boldsymbol{B}+\boldsymbol{B}\times(\nabla\times\boldsymbol{A})+\boldsymbol{A}\times(\nabla\times\boldsymbol{B})$$

 div($\nabla\cdot$) 公式

$$\nabla\cdot(\varphi\boldsymbol{A})=(\nabla\varphi)\cdot\boldsymbol{A}+\varphi(\nabla\cdot\boldsymbol{A})$$

$$\nabla\cdot(\boldsymbol{A}\times\boldsymbol{B})=\boldsymbol{B}\cdot(\nabla\times\boldsymbol{A})+\boldsymbol{A}\cdot(\nabla\times\boldsymbol{B})$$

$$\nabla\cdot(\nabla\times\boldsymbol{A})=0$$

 rot($\nabla\times$) 公式

$$\nabla\times(\varphi\boldsymbol{A})=(\nabla\varphi)\times\boldsymbol{A}+\varphi(\nabla\times\boldsymbol{A})$$

$$\nabla\times(\boldsymbol{A}\times\boldsymbol{B})=(\boldsymbol{B}\cdot\nabla)\boldsymbol{A}-\boldsymbol{B}(\nabla\cdot\boldsymbol{A})-(\boldsymbol{A}\cdot\nabla)\boldsymbol{B}+\boldsymbol{A}(\nabla\cdot\boldsymbol{B})$$

$$\nabla\times(\nabla\varphi)=0$$

$$\nabla\times(\nabla\times\boldsymbol{A})=\nabla(\nabla\cdot\boldsymbol{A})-\nabla^2\boldsymbol{A}$$

## 演習問題 解答例

### 1章

1-1 10 の 4 乗 m².

1-2 100 億 toe＝$10^{10}$ toe ≅ $4.2 \times 10^{20}$ J＝420 EJ.

1-3 s の −2 乗.

1-4 [L²M¹T⁻²].

1-5 28 g, 22.4 ℓ.

### 2章

2-1 40 分は $\frac{2}{3}$ 時間なので $286 \div \frac{2}{3}$＝429 km/h.

2-2 $t$＝8 分 20 秒＝500 秒の間の光の移動距離は $c$＝30 万 km/s として, $s=ct=30 \times 10^4$ (km/s)×500(s)＝$1.5 \times 10^8$ km (1 億 5 千万 km).

2-3 速度は $x-t$ 線の傾きなので, 速度が零の地点は D. また, 速度が一番大きな地点は C.

2-4 $\Delta x = A(t+\Delta t)^2 - At^2 = 2At\Delta t + (\Delta t)^2$ したがって $\frac{\Delta x}{\Delta t} = 2At + \Delta t$ であり, 微分係数は $\Delta t \to 0$ として $\frac{dx}{dt} = \lim_{\Delta t \to 0} \frac{\Delta x}{\Delta t} = \lim_{\Delta t \to 0} (2At + \Delta t) = 2At$.

2-5 平均速度は $\frac{100}{5}$＝20 m/s, 平均加速度は $\frac{50-0}{5}$＝10 m/s².

### 3章

3-1 加速度を $a$ として $d = \frac{1}{2}at^2$. したがって加速度 $a = \frac{2d}{t^2}$. 時間 $t$ での速度 $v$ が最大なので最高速度の大きさ $v = at = \frac{2d}{t}$.

3-2 速度 $v = \frac{dx}{dt} = A + 3Bt^2$, 加速度 $a = \frac{dv}{dt} = 6Bt$.

3-3 最高点では速度はゼロとなり $0 = v_0 - gt$ より時間 $t = \frac{v_0}{g}$. 高さの式 $H = v_0 t - \frac{1}{2}gt^2$ に時間式を代入して $H = \frac{v_0^2}{2g}$.

3-4 (1) $v_x = v_0 \cos\theta$, $v_y = v_0 \sin\theta - gt$, (2) $x = (v_0 \cos\theta)t$, $y = (v_0 \sin\theta)t - \frac{1}{2}gt^2$. (3) $y=0$ より $t=0, \frac{2v_0 \sin\theta}{g}$ なので $t_R = \frac{2v_0 \sin\theta}{g}$. これを $x$ の式に代入して $R = \frac{v_0^2(2\sin\theta\cos\theta)}{g} = \frac{v_0^2 \sin 2\theta}{g}$.

3-5 (1) $v_0 = at$ より $t = \frac{v_0}{a}$, (2) $d = v_0 t - \frac{1}{2}at^2$, (3) $d = v_0 \frac{v_0}{a} - \frac{1}{2}a\left(\frac{v_0}{a}\right)^2 = \frac{v_0^2}{2a}$ したがって, $a = \frac{v_0^2}{2d}$.

### 4章

4-1 (1) 第 2 法則, (2) 含まれない（万有引力の法則）, (3) 第 1 法則.

4-2 同じ加速度を得るには, 5 kg の気球の方が 10 倍の力が必要になり, 動かしづらい.

4-3 $F = ma$ より, 0.3 [kg]×0.2 [m/s²]＝0.06 [N]

4-4 $\boldsymbol{F}_{A \leftarrow B} = m_A \frac{d\boldsymbol{v}_A}{dt}$, $\boldsymbol{F}_{B \leftarrow A} = m_B \frac{d\boldsymbol{v}_B}{dt}$, 作用反作用の法則から $\boldsymbol{F}_{A \leftarrow B} + \boldsymbol{F}_{B \leftarrow A} = 0$ なので, $\frac{d(m_A \boldsymbol{v}_A + m_B \boldsymbol{v}_B)}{dt} = 0$ であ

り，$m_A \boldsymbol{v}_A + m_B \boldsymbol{v}_B =$ 一定 が言える．

4-5  $F_1 = \dfrac{Gm_1m_2}{r^2} = 6.7\times10^{-11}\times\dfrac{1\times1}{1^2} = 6.7\times10^{-11}$ N，$F_2 = mg = 1\times9.8 = 9.8$ N なので，$\dfrac{F_1}{F_2} = 6.8\times10^{-12}$
（答）$6.7\times10^{-11}$ N，$6.8\times10^{-12}$ 倍小さい．

## 5章

5-1  $F = mg$ より 5 kg 重，$5\times9.8 = 49$ N.

5-2  運動方程式は $m\dfrac{dv}{dt} = mg - bv$，終端速度は $\dfrac{dv}{dt} = 0$ から $v_\infty = \dfrac{mg}{b}$．

5-3  ① $N = mg\cos\theta$，② 摩擦力は斜面方向の重力とつり合っているので $F = mg\sin\theta$，③ 最大摩擦力は $F_{max} = \mu N = \mu mg\cos\theta$ なので，$F \leqq F_{max}$ より $mg\sin\theta \leqq \mu mg\cos\theta$ ∴ $\tan\theta \leqq \mu$．

5-4  運動量の変化は $m\Delta v = 2000\times(0-10) = -20{,}000$ [kg·m/s]，平均の力は $F = \dfrac{m\Delta v}{\Delta t} = 10^5$[N]．

5-5  (1) 運動量保存の式 $mv_0 = mv_1 + 2mv_2$，エネルギー保存の式 $\dfrac{1}{2}mv_0^2 = \dfrac{1}{2}mv_1^2 + mv_2^2$，(2) $v_2 = \dfrac{v_0 - v_1}{2}$，$2v_0^2 = 2v_1^2 + (v_0 - v_1)^2$ より $(3v_1 + v_0)(v_1 - v_0) = 0$，(3) $v_1 = -\dfrac{1}{3}v_0$，$v_2 = \dfrac{2}{3}v_0$．

## 6章

6-1  仕事とエネルギーの関係から $\dfrac{1}{2}mv^2 - 0 = F'\ell$．
ここで $F' = mg\sin\theta - F = \dfrac{mgh}{\ell} - F$．
∴ $v^2 = \dfrac{2F'\ell}{m} = 2gh - \dfrac{2F\ell}{m}$，$v = \sqrt{2gh - \dfrac{2F\ell}{m}}$．

6-2  運動の方向を $x$ 軸，90度の方向を $y$ 軸とする．力を $F = (F_x, F_y)$ として，$0 - mv = F_x\Delta t$，$mv - 0 = F_y\Delta t$，
(1) したがって，力積の大きさは $|\boldsymbol{F}\Delta t| = \sqrt{F_x^2 + F_y^2}\Delta t = \sqrt{2}mv$．(2) $mv' = |\boldsymbol{F}\Delta t|$ より，$v' = \sqrt{2}v$．

6-3  仕事と運動エネルギーとの関係から，バッターがした仕事 $W$ は $W = \dfrac{1}{2}mv^2 - \dfrac{1}{2}m(-v)^2 = 0$．力積 $F\Delta t$ は $F\Delta t = mv - (-mv) = 2mv$．一方，移動距離は $s = \dfrac{W}{F} = 0$ である．

6-4  $U = mgh = 10\times9.81\times2 = 196$[J]，$P = \dfrac{U}{t} = \dfrac{196}{5} = 39.2$[W]，$T = \dfrac{U}{4.19} = 46.8$°C．（答）$2.0\times10^2$ J，39W，47°C．

6-5  (1) 運動量保存 $(2m)v_1 = (2m+m)v_2$ より $v_2 = \dfrac{2}{3}v_1$，(2) $e = \dfrac{v_2 - v_2}{0 - v_1} = 0$，
(3) $\Delta\varepsilon = \dfrac{1}{2}(2m)v_1^2 - \dfrac{1}{2}(3m)\left(\dfrac{2v_1}{3}\right)^2 = \dfrac{1}{3}mv_1^2$，(4) 衝突時の形状の変化，振動，音，熱など．

## 7章

7-1  振動数 $f = \dfrac{N}{t}$[s$^{-1}$]，周期 $T = \dfrac{1}{f} = \dfrac{t}{N}$[s]，角速度 $\omega = 2\pi f = \dfrac{2\pi N}{t}$[rad/s]，速度 $v = r\omega = \dfrac{2\pi Nr}{t}$[m/s]，加速度 $v = r\omega^2 = \dfrac{4\pi^2 N^2 r}{t^2}$[m/s$^2$]．

7-2  (1) 重力加速度を $g$ として，力のつり合い $mg = kx_0$ から $x_0 = \dfrac{mg}{k}$．(2) 自然長の位置を原点として，下方に $x$ 軸の正の方向をとると，運動方程式は $m\dfrac{d^2x}{dt^2} = mg - kx = -k(x - x_0)$ である．さらに力 $F$ を加えると，$m\dfrac{d^2x}{dt^2} = mg - kx + F = -k(x - x_0) + F = 0$ から $x = x_0 + \dfrac{F}{k}$．手を離すと $\dfrac{d^2(x - x_0)}{dt^2} = -\omega^2(x - x_0)$，$\omega^2 = \dfrac{k}{m}$ であり，振幅は $\dfrac{F}{k}$，周期は $T = \dfrac{2\pi}{\omega} = 2\pi\sqrt{\dfrac{m}{k}}$．

7-3  (1) ばねが2本なのでばね定数は合計 $2k$ となり，$m\dfrac{d^2x}{dt^2} = mg - 2kx$．

(2) $x_0=\dfrac{mg}{2k}$ として,$\dfrac{d^2(x-x_0)}{dt^2}=-\omega^2(x-x_0)$, $\omega^2=\dfrac{2k}{m}$,したがって,$\omega=\sqrt{\dfrac{2k}{m}}$, $T=2\pi\sqrt{\dfrac{m}{2k}}$.

7-4 (1) 点 P の座標は $(r\cos\omega t, r\sin\omega t, 0)$,ベクトル AP は $\boldsymbol{r}=(r(\cos\omega t-1), r\sin\omega t, 0)$.
(2) $\boldsymbol{v}=\dfrac{d\boldsymbol{r}}{dt}=(-r\omega\sin\omega t, r\omega\cos\omega t, 0)$.
(3) $\boldsymbol{L}=\boldsymbol{r}\times m\boldsymbol{v}=(0, 0, mxv_y-myv_x)=(0, 0, mr^2\omega(\cos\omega t-1)\cos\omega t+r^2\omega\sin^2\omega t)=(0, 0, mr^2\omega(1-\cos\omega t))$
$=\left(0, 0, -2mr^2\omega\sin^2\left(\dfrac{\omega t}{2}\right)\right)$.

7-5 質点の運動は半径 $r=L\sin\alpha$ の円運動であり,糸の張力 $T$ は $T\cos\alpha=mg$,向心力は $F=T\sin\alpha=mg\tan\alpha$ である.円運動の角速度を $\omega$ とすると,$F=mr\omega^2$ なので,角速度 $\omega=\sqrt{\dfrac{F}{mr}}=\sqrt{\dfrac{g}{L\cos\alpha}}$,周期は $T=\dfrac{2\pi}{\omega}=2\pi\sqrt{\dfrac{L\cos\alpha}{g}}$.

## 8 章

8-1 頂点を原点として,垂線下方に $x$ 軸をとる.全質量 $M=\dfrac{\rho}{3}\pi a^2 h$,重心の位置は頂点から $X=\dfrac{1}{M}\int\rho x dS=\dfrac{1}{M}\int_0^h \rho x\pi a^2\left(\dfrac{x}{h}\right)^2 dx=\dfrac{\rho}{M}\dfrac{\pi a^2}{4h^2}h^4=\dfrac{3}{4}h$.したがって,底円から $\dfrac{h}{4}$.

8-2 (1) 角運動量 $L=mr^2\omega=2\pi mr^2 f=$ 一定より,$r^2 f=0.5^2\times 1=0.1^2\times f$, $f=25$ [s$^{-1}$],(2) $\sum mr^2 f=(2\times 0.5^2+50\times 0.05^2)\times 1=(2\times 0.1^2+50\times 0.05^2)\times f$, $f=2.8$ [s$^{-1}$].

8-3 壁は滑らかなので $\boldsymbol{Q}$ は水平成分のみであり $\boldsymbol{P}=(P_x, P_y)$, $\boldsymbol{Q}=(Q_x, 0)$, $\boldsymbol{W}=(0, -W)$
$\boldsymbol{P}+\boldsymbol{Q}+\boldsymbol{W}=(P_x+Q_x, P_y-W)=0$,P 点でのモーメントの和から $Q_x L\sin\theta-W\dfrac{L}{2}\cos\theta=0$,以上から
$\boldsymbol{P}=(-Q_x, W)=\left(-\dfrac{W\cos\theta}{2\sin\theta}, W\right)$, $\boldsymbol{Q}=\left(\dfrac{W\cos\theta}{2\sin\theta}, 0\right)$.

8-4 円柱の軸に対する慣性モーメントは $I_G=\dfrac{1}{2}Ma^2$ なので,滑らずに転がりながらの場合には $\sqrt{2gH}\times\sqrt{\dfrac{1}{1+\dfrac{I_G}{Ma^2}}}$ より,$\dfrac{2\sqrt{3}}{3}\sqrt{gH}$.

8-5 棒の重さ $mg$ と浮力とがつり合っている.求める長さを $x$ とすると $mg=xS\rho g$, $x=\dfrac{m}{S\rho}$.

## 9 章

9-1 第 0 法則:三体間の熱平衡の法則,第 1 法則:エネルギー保存の法則,第 2 法則:エントロピー増大の法則,第 3 法則:絶対温度 0 K のエントロピーはゼロ.

9-2 10 cal, 42 J.

9-3 (1) $\dfrac{600-25}{600+273}=0.66$, 66% (2) $\dfrac{120-20}{120+273}=0.25$, 25% (3) $\dfrac{26-7}{26+273}=0.064$, 6.4%.

9-4 高温熱源のエントロピー減少は $\Delta S_H=\dfrac{100\times 10^3}{373}=268$,低温熱源のエントロピー増加は $\Delta S_L=\dfrac{100\times 10^3}{323}=310$,したがって $\Delta S=-\Delta S_H+\Delta S_L=42$ [J/K].

9-5 気体 1 mol について $Q=\Delta U+p\Delta V$ であり,$C_v=\left(\dfrac{Q}{\Delta T}\right)_{\Delta V=0}=\dfrac{\Delta U}{\Delta T}$, $C_p=\left(\dfrac{Q}{\Delta T}\right)_{\Delta p=0}=\dfrac{\Delta U}{\Delta T}+\left(\dfrac{p\Delta V}{\Delta T}\right)_{\Delta p=0}$.ここで $pV=RT$ より $p\Delta V+V\Delta p=R\Delta T$ となるので $(p\Delta V)_{\Delta p=0}=(R\Delta T)_{\Delta p=0}$ を用いて $C_p-C_v=\left(\dfrac{p\Delta V}{\Delta T}\right)_{\Delta p=0}=R$.

## 10 章

10-1 0.05 s, 20 Hz.

10-2 (1) $y = A \sin 2\pi\left(\dfrac{t}{T} - \dfrac{x}{\lambda}\right)$ より，$A = 3.0$ m, $T = 0.4$ s, $\lambda = 8$ m, $f = 2.5$ Hz, (2) $v = f\lambda = 20$ m/s.

10-3 デシベルで2倍なので100倍．

10-4 光の速さ $2.4 \times 10^8$ m/s, 周波数は不変であり $6.0 \times 10^{14}$/s $= 600$ THz, 波長 400 nm, 物質の屈折率 1.25.

10-5 (1) $(V - v_s)t$, $f_0 t$ 個, (2) $\lambda' = \dfrac{V - v_s}{f_0}$, (3) $f' = f_0 \dfrac{V + u_0}{V - v_s}$.

## 11 章

11-1 $F = 9.0 \times 10^9 \times \dfrac{(1.0 \times 10^{-6})^2}{0.01^2} = 90$ N.

11-2 4.0 C, $\dfrac{4.0}{1.6 \times 10^{-19}}$ 個 $= 2.5 \times 10^{19}$ 個．

11-3 $R = \dfrac{R_1 R_2}{R_1 + R_2}$, $I = \dfrac{V}{R} = V\dfrac{R_1 + R_2}{R_1 R_2}$, $P = VI = \dfrac{V^2}{R} = V^2 \dfrac{R_1 + R_2}{R_1 R_2}$.

11-4 $I = 2\pi r H = 2\pi \times 0.1 \times 16 = 10$ A, $B = \mu_0 H = 4\pi \times 10^{-7} \times 16 = 2.0 \times 10^{-5}$ T.

11-5 0.314 Wb, 0.0314 V.

## 12 章

12-1 $^{12}_{6}$X：核子数 12, 陽子数 6, 電子数 6, 中性子数 6, 元素記号 C, $^{238}_{92}$X：核子数 238, 陽子数 92, 電子数 92, 中性子数 146, 元素記号 U.

12-2 (1) $\Delta m = 3 \times 2.0141 - (4.0026 + 1.0073 + 1.0087) = 0.0237$ [u].
(2) $\Delta E = \Delta mc^2 = 0.0237 \times 1.6605 \times 10^{-27} \times (3.00 \times 10^8)^2 = 3.54 \times 10^{-12}$ [J] $= 22.1 \times 10^6$ [eV] $= 22.1$ [MeV].

12-3 $\alpha$ 崩壊を $N_\alpha$ 回, $\beta$ 崩壊を $N_\beta$ 回とすると, $232 - 208 = 4N_\alpha$, $90 - 82 = 2N_\alpha - N_\beta$, したがって, $N_\alpha = 6$, $N_\beta = 4$.

12-4 1 kg あたり 1 J のエネルギーが吸収されるので, 1 g あたり 0.001 J $= 0.00024$ cal のエネルギー吸収があり, $2.4 \times 10^{-4}$ °C の温度上昇である．

12-5 $\left(\dfrac{1}{2}\right)^4 = 0.0625$ ∴ $4 \times T_{\frac{1}{2}} = 32$ 日後．

## 13 章

13-1 (1) 基本単位としての細胞を持つ，代謝ができる．生殖の能力がある．(2) ウイルスは増殖するが，細胞を持たず，代謝もないので非生物．

13-2 多細胞生物から細胞を取り出し養分などを与え人工的に培養すると細胞の増殖が可能であること．細胞を破壊するとこの増殖が不可能となること．

13-3 1 時間で 150 kcal なので $\dfrac{150}{7} = 21$ g.

13-4 (1) $\dfrac{2000 \times 1000 \times 4.2}{24 \times 60 \times 60}$ [J/s] $= 97$ [W], (2) 生物学的仕事：500 kcal/day, 熱：1500 kcal/day
(3) $Q = mc\Delta T$ より $T = \dfrac{Q}{mc} = \dfrac{1500}{60 \times 0.8} = 31$ °C.

13-5 (2), (4), (5).

## 14 章

14-1 電子の静止質量エネルギー $E = m_e c^2 = 9.10 \times 10^{-31}$ [kg] $\times (3.0 \times 10^8 \text{[m/s]})^2 / (1.60 \times 10^{-13}$ [J/MeV]) $= 0.511$

MeV なので 1.0 MeV.

**14-2** (1) $U_G = \dfrac{Gm^2}{r} = \dfrac{6.67 \times 10^{-11} \times (1.67 \times 10^{-27})^2}{1.76 \times 10^{-15}} = 1.1 \times 10^{-49}$ [J], ここで $G = 6.67 \times 10^{-11}$ [N·m²/kg²].

(2) $U_C = \dfrac{1}{4\pi\varepsilon_0}\dfrac{q^2}{r} = \dfrac{8.987 \times 10^9 \times (1.60 \times 10^{-19})^2}{1.76 \times 10^{-15}} = 1.3 \times 10^{-13}$ [J], ここで $\dfrac{1}{4\pi\varepsilon_0} = 8.987 \times 10^9$ [N·m²/C²].

(3) $U_N = \dfrac{g^2}{4\pi}\dfrac{e^{-\frac{r}{\lambda}}}{r} = 14 \times 1.05 \times 10^{-34} \times 3 \times 10^8 \times \dfrac{\frac{1}{2.72}}{1.76 \times 10^{-15}} = 9.2 \times 10^{-12}$ [J], ここで $\dfrac{g^2}{4\pi} = 14\hbar c$, $\hbar = 1.05 \times 10^{-34}$ [J·s], $\lambda = r$ とした.

したがって, $U_C$ を 1 とすると (1) : (2) : (3) $= 8.5 \times 10^{-37} : 1 : 71$.

**14-3** $V = H_0 R$, $VT = R$ より $T = \dfrac{1}{H_0}$, $H_0 = 70$ km/s/Mpc とすると, 1 Mpc $= 3.09 \times 10^{19}$ km なので $H_0 = 2.27 \times 10^{-18}$ s$^{-1}$, 1 年 $= 3.15 \times 10^7$s なので $T = 4.41 \times 10^{17}$s $= 1.40 \times 10^{10}$y $= 140$ 億年.

**14-4** 星の後退速度 $V$ とすると, $V \ll c$ として, $z = \dfrac{\Delta\lambda}{\lambda} = \dfrac{4774.6 - 4340.5}{4340.5} = 0.10$, $V = cz = 3.0 \times 10^7$ [m/s], ハッブル定数を $H_0 = 70$ km/s/Mpc とすると, $\dfrac{c}{H_0} = 140$ [億光年] として $R = z \cdot \dfrac{c}{H_0} = 0.1 \times 140$ 億光年 $= 14$ 億光年.

**14-5** (1) 地球の質量 $M = 5.97 \times 10^{24}$ kg でのシュバルツシルドの半径は $a = \dfrac{2MG}{c^2}$ より $a = \dfrac{2MG}{c^2} = \dfrac{2 \times 5.97 \times 10^{24} \times 6.67 \times 10^{-11}}{(3.00 \times 10^8)^2} = 8.85 \times 10^{-3}$ [m] なので, 8〜9 mm 程度以下の球に圧縮できたとした場合にブラックホールとなる.

(2) 同様にして, 太陽では 2.95 km.

(3) ブラックホールが生成されるには, 重力あるいは何らかの力による収縮が行われる必要がある. それは, 星の誕生, 発展のプロセスにも関連する. 核融合反応による軽元素から重元素が生成されて重力圧縮が起こり, さらに加熱・重力収縮・爆発が起こることになる. 小さな天体では上記の核反応→重力圧縮→核反応→重力圧縮・爆発のプロセスが進展しないので, 現実には太陽の質量の 10 倍以下のブラックホールの生成は困難である.

(参考) 太陽の質量の 1/10〜4 倍程度の星は, 重力収縮が起こり中心部分で水素による核融合反応が進み, 最終的には白色矮星と呼ばれる地球程度の直径で, 太陽程度の質量を持つ水の密度の数万倍の高密度の白色光を発する恒星として一生を終える.

# 索　引

## 【人名】

アポロニウス　*23*
アリストテレス　*123*
アレクサンドル・オパーリン　*123*
ガリレオ・ガリレイ　*30*
ケプラー　*23*
コペルニクス　*23, 30*
スタンリー・ミラー　*121*
ハロルド・ユーリー　*121*
ヒッパルコス　*23*
プトレマイオス　*23*

## 【アルファベット】

### C
CT（Computed Tomography, コンピュータ断層撮影）　*116*

### D
DNA（deoxyribonucleic acid）　*112*

### G
GPS（Global Positioning System）　*127*

### H
hPa（hectopascal）　*65*

### I
ICRP（International Commission on Radiological Protection）　*108*

### M
MKSA単位系（MKSA system of units）　*2*
MKS単位系（MKS system of units）　*2*
MRI（magnetic resonance imaging, 磁気共鳴画像）　*117*

### P
PET（Positron emission tomography）　*117*

### S
SI単位系（Le Système International d'Unités）　*2*
SPECT（Single photon emission computed tomography）　*118*

## 【かな】

### あ
圧力（pressure）　*65*
アデノシン三リン酸（ATP, adenosine triphosphate）　*114*
アデノシン二リン酸（ADP, adenosine diphosphate）　*114*
アボガドロ定数（Avogadro constant）　*71*
アボガドロの法則（Avogadro's law）　*71*
アミノ酸（amino acid）　*112*
アルキメデスの原理（Archimedes' principle）　*36, 66*
$\alpha$崩壊（alpha decay）　*106*
暗黒エネルギー（dark energy）　*129*
暗黒物質（dark matter）　*128*
アンペア（[A], ampere）　*5, 91*
アンペア毎メートル（[A/m]）　*95*

### い
異化（catabolism）　*113*
位相速度（phase velocity）　*79*
位置（position）　*9*
位置エネルギー（potential energy）　*44*
位置ベクトル（position vector）　*18*
遺伝子（gene）　*120*
移動距離（travel distance）　*9*
インダクタ（inductor）　*97*

### う
ウィーク・ボソン（weak boson）　*34*
ウェーバー（[Wb], weber）　*94*
ウェーバー毎平方メートル（[Wb/m$^2$]）　*95*
運動（motion）　*9*
運動学（kinematics）　*9*

運動の第 1 法則（the first law of motion）　25
運動の第 2 法則（the second law of motion）　26
運動の第 3 法則（the third law of motion）　27
運動方程式（equation of motion）　26
運動量（momentum）　37
運動量保存の法則（law of momentum conservation）　27, 38

## え

$x-t$ 図（position-time diagram）　11
エネルギー（energy）　44
エネルギー保存の法則（law of energy conservation）　46
エンタルピー（enthalpy）　73
エントロピー（entropy）　73
エントロピー増大の法則（law of entropy increase）　73

## お

オーム（[Ω], ohm）　92
オームの法則（Ohm's law）　92
オクターブ（octave）　83
音の 3 要素（three elements of sound）　82
音速（sound speed）　83
温度（temperature）　69

## か

回折（diffraction）　82
回転運動（rotational motion）　62
回転数（rotational frequency）　53
回転半径（radius of gyration）　62, 63
化学進化（chemical evolution）　112
核（nucleus）　113
角運動量（angular momentum）　54, 60
角運動量保存の法則（angular momentum conservation law）　54
核酸（nucleic acid）　120
核子（nucleaon）　101
核磁気共鳴（NMR, nuclear magnetic resonance）　117
角周波数（angular frequency）　79
角速度（angular velocity）　51
核分裂エネルギー（nuclear fission energy）　104
核融合エネルギー（nuclear fusion energy）　105
確率密度関数（probability density function）　4
カ氏（華氏）温度（Fahrenheito temperature）　76

加速度（acceleration）　11
可聴周波数（audio frequency）　83
カルノー効率（Carnot efficiency）　75
カルノーサイクル（Carnot cycle）　75
慣性質量（inertial mass）　32
慣性抵抗（inertial resistance）　36
慣性の法則（law of inertia）　25
慣性モーメント（moment of inertia）　61, 62
完全弾性衝突（perfectly elastic collision）　39
カンデラ（[cd], candela）　5
$\gamma$ 崩壊（gamma decay）　106

## き

気体定数（gas constant）　72
起電力（electromotive force）　96
基本単位（fundamental units）　2
基本粒子（fundamental particles）　122
キャパシタ（コンデンサー, capacitor）　96
キャパシタンス（capacitance）　96
吸収線量（absorbed dose）　108
距離（distance）　10
キルヒホッフの電圧法則（Kirchhoff's voltage law）　93
キルヒホッフの電流法則（Kirchhoff's current law）　93
キルヒホッフの法則（Kirchhoff's Law）　93
キログラム（[kg], kilogram）　4

## く

空間（space）　123
クーロン（[C], coulomb）　89
クーロンの法則（Coulomb's law）　90
クーロン毎キログラム（[C/kg]）　108
クーロン毎ボルト（[C/V]）　97
クォーク（quark）　122
屈折の法則（law of refraction）　80
屈折率（相対屈折率, refractive index）　80
組立単位（誘導単位, derived units）　2
グルオン（gluon）　34
グレイ（[Gy], gray）　108
群速度（group velocity）　79

## け

ゲージ粒子（gauge boson）　122
血圧（blood pressure）　116
結合エネルギー（binding energy）　104

ケルビン（[K], kelvin）　5
原形質（protplasm）　113
原子（atom）　101
原子核（atomic nucleus）　91, 101
原始関数（primitive function）　17
原子単位系（atomic units）　2
原子番号（atomic number）　102

## こ

高エネルギーリン酸結合（high-energy phosphate bond）　114
光子（photon）　34, 58
向心力（centripetal force）　53
光線力学的療法（PDT, Photodynamic Therapy）　118
光速（speed of light）　84
剛体（rigid body）　9, 59
呼吸（breath）　115
国際単位系（international system of units）　2
コヒーレント（coherent）　85

## さ

細胞（cell）　113
細胞質（cytoplasm）　113
細胞質基質（cytoplasmic matrix）　113
細胞小器官（organelle）　113
細胞膜（cell membrane）　113
作用・反作用の法則（law of action and reaction）　27
作用線（line of action）　32
作用点（point of action）　32

## し

シーベルト（[Sv], sievert）　108
磁荷（磁気量，magnetic charge）　96
時間（time）　6, 123
磁気エネルギー（magnetic energy）　98
磁極（magnetic pole）　94
磁気力（magnetic force）　94
時空（spacetime）　33
次元（dimension）　6
自己インダクタンス（self-inductance）　97
仕事（work）　43
仕事率（パワー，power）　44, 94
自己誘導（self-induction）　95
視差（parallax）　125

指数（exponent）　3
自然単位系（natural units）　3
自然放出（spontaneous emission）　85
磁束（magnetic flux）　96
実効線量　109
質点（point mass）　9
質量（mass）　6
質量欠損（mass defect）　104
質量数（mass number）　102
質量中心（center of mass）　59
質量とエネルギーの等価（mass-energy equivalence）　102
磁場（磁界，magnetic field）　95
シャルルの法則（Charles's law）　71
周期（period）　53, 79
重心（center of gravity）　59
終端速度（terminal velocity）　36
自由電子（free electron）　91
周波数（frequency）　79
重粒子線治療（heavy ion radiotherapy）　119
重力（gravity）　28
重力子（graviton）　33, 58
重力質量（gravitational mass）　32
重力単位系（gravitational metric systems）　2
重力定数（gravitational constant）　28
重力場（gravitational field）　33
ジュール（joule）　43
ジュール熱（Joule heat）　94
シュバルツシルト半径（Schwarzschild radius）　128
瞬間加速度（instantaneous acceleration）　12
瞬間速度（instantaneous velocity）　11
衝撃波（shock wave）　86
照射線量（exposure dose）　108
初期位相（initial phase）　79
磁力線（magnetic fore line）　95
真空の透磁率（magnetic permeability of vacuum）　94
真空の誘電率（permittivity of vacuum）　97
振動（oscillation）　78
振幅（amplitude）　79

## す

垂直抗力（normal force）　35
スカラー（scalar）　2, 9
ストークスの法則（Stokes' law）　36

スネルの法則（Snell's law）　80

## せ

正規分布（normal distribution）　4
静止エネルギー（rest energy）　103
静止摩擦係数（coefficient of static friction）　35
静止摩擦力（static friction）　35
生殖（reproduction）　113
静水圧（hydrostatic pressure）　66
生体力学（バイオメカニクス，biomechanics）　117
静電エネルギー（electrostatic energy）　97
静電気（static electricity）　89
生物学的進化（biological evolution）　112
世界線（world line）　127
赤色偏移（redshift）　126
積分（integral）　17
セ氏（摂氏）温度（Celsius temperature）　69
絶縁体（insulator）　91
絶対温度（absolute temperature）　69
絶対屈折率（absolute refractive index）　80
接頭語（prefix）　3
全反射（total reflection）　81

## そ

速度（velocity）　10
素元波（elementary wave）　80
組織荷重係数（tissue weighting factor）　109
素電荷（電荷素量，elementary electric charge）　89
疎密波（compressional wave）　78

## た

ダークエネルギー（dark energy）　129
ダークマター（dark matter）　128
第1種永久機関（perpetual motion machine of the first kind）　72
第2種永久機関（perpetual motion machine of the second kind）　73
体温（body temperature）　116
代謝（metabolism）　113
縦波（longitudinal wave）　78
弾性衝突（elastic collision）　39
弾性定数（elastic constant）　55
タンパク質（protein）　112, 120

## ち

力（force）　32

力の3要素（three elements of force）　32
力のモーメント（moment of force）　54, 60
中性子（neutron）　89, 101
中性子数（neutron umber）　102
超音波（ultrasonic wave）　83
超音波検査（ultrasonography, echo）　117
直列抵抗（series resistance）　93

## つ

対消滅（pair annihilation）　123
対生成（pair production）　123

## て

抵抗（resistance）　92
定在波（syanding wave）　82
定在波の節（node）　82
定在波の腹（anti-node）　82
ディスク（disk）　128
定積分（definite integral）　17
デシベル（[dB], decibel）　83
テスラ（[T], tesla）　95
電圧（voltage）　92
電位（electric potential）　92
電荷（電気量，electric charge）　89
電荷素量（素電荷，elementary electric charge）　89
電荷保存の法則（charge conservation law）　90
電荷量（quantity of electric charge）　89
電気力線（electric field line）　91
電子（electron）　89, 101
電磁場（electromagnetic field）　34
電磁波（electromagnetic wave）　84
電磁誘導（electromagnetic induction）　96
点電荷（point charge）　90
電場（電界，electric field）　90
天文単位（[au], astronomical unit）　125
電流（electric current）　91
電力（electric power）　94
電力量（electric energy）　94

## と

同位体（isotope）　102
同化（anabolism）　113
等価線量（equivalent dose）　108
等加速度直線運動（constant-acceleration straight-line motion）　16
導関数（derivative）　12

等速直線運動（constant-velocity straight-line motion） 15
導体（conductor） 91
動摩擦係数（coefficient of kinetic friction） 36
ドップラー効果（Doppler effect） 85
トルク（torque） 60
トンネル効果（tunnel effect） 104

## な

長さ（length） 6
波（波動, wave） 78
波の重ね合わせの原理（principle of superposition of waves） 81
波の干渉（interference of waves） 82

## に

ニュートン（[N], newton） 26
ニュートン毎ウェーバー（[N/Wb]） 95

## ぬ

ヌクレオチド（nucleotide） 120

## ね

熱（heat） 69
熱運動（thermal motion） 69
熱機関（heat engine） 74
熱効率（thermal efficiency） 75
熱素（カロリック, caloric） 77
熱の仕事当量（mechanical equivalent of heat, work equivalent of heat） 47, 71
熱平衡（thermal equilibrium） 70
熱容量（heat capacity） 70
熱力学第 0 法則（zeroth law of thermodynamics） 72
熱力学第 1 法則（first law of thermodynamics） 72
熱力学第 2 法則（second law of thermodynamics） 73
熱量（heat quantity） 70
熱量保存の法則（conservation law of heat quantity） 70
ネルンストの熱定理（Nernst heat theorem） 74
粘性抵抗（viscos resistance） 36
燃素（フロギストン, phlogiston） 77

## は

パーセク（[pc], parsec） 125

媒質（medium） 78
バイタルサイン（生命兆候, vital signs） 115
波源（source of wave） 78
波数（wave number） 79
パスカル（[Pa], pascal） 65
パスカルの原理（Pascal's principle） 65
波長（wave length） 79
ハッブル定数（Hubble constant） 126
ハッブルの法則（Hubble's law） 126
ばね定数（spring constant） 35, 55
波面（wave front） 80
速さ（speed） 10
バルジ（bulge） 128
パン・スペルミア説（汎種説, panspermia） 112
半減期（half-life） 107
反射の法則（law of reflection） 80
反発係数（coefficient of restitution） 40
万有引力の法則（law of universal gravitation） 27
反粒子（antiparticle） 117, 123

## ひ

非弾性衝突（inelastic collision） 39
ヒッグス粒子（Higgs boson） 122
ビッグバン理論（big bang theorem） 123
ピトー管（pitot tube） 66
比熱（specific heat） 70
微分係数（differential coefficient） 12
秒（[s], second） 5
標準重力加速度（standard gravity） 28
標準大気圧（standard atmospheric pressure） 65
標準偏差（standard deviation） 4

## ふ

ファラッド（[F], farad） 97
$v$–$t$ 図（velocity-time diagram） 12
フェルマーの原理（Fermat's principle） 81
フォトン（photon） 34
フォロースルー（follow-through） 37
不可逆変化（irreversible change） 73
不確定性原理（uncertainty principle） 104
フックの法則（Hooke's law） 55
物質（matter） 122
物体（object） 9
物理（physics） 1
物理法則（physical law） 2
物理量（physical quantity） 1

## へ

ブラウン運動（Brownian motion） 69
ブラッグピーク（Bragg peak） 119
ブラックホール（Black hole） 128
振り子（pendulum） 56
浮力（buoyancy） 36, 66
分散（variance） 4
分子（molecule） 101

## へ

平均加速度（average acceleration） 11
平均値（mean） 4
平均の速さ（average speed） 10
並進運動（translational motion） 61
並列抵抗（parallel resistance） 93
べき乗（exponentiation） 3
ベクトル（vector） 2, 9
ベクレル（[Bq], becquerel） 108
$\beta$ 崩壊（beta decay） 106
ベルヌーイの定理（Bernoulli's principle） 66
変位（displacement） 9
変位ベクトル（displacement vector） 18
変分原理（variational principle） 81
ヘンリー（[H], henry） 97

## ほ

ホイヘンスの原理（Huygens' principle） 80
ボイル・シャルルの法則（Boyle-Charles's law） 71
ボイルの法則（Boyle's law） 71
崩壊定数（decay constant） 107
放射性物質（radioactive substance） 107
放射性崩壊（radioactive decay） 106
放射線（radiation） 107
放射線荷重係数（radiation weighting factor） 108
放射能（radioactivity） 108
法則（law） 25
放物運動（parabolic motion） 20
ポジトロン（陽電子, positron） 117
保存力（conservative force） 45, 91
ポテンシャルエネルギー（potential energy） 44
ボルト（[V], volt） 92

## ま

摩擦力（frictional force） 35

## み

脈拍（pulse） 116

ミンコフスキー空間（Minkowski space） 127

## め

メートル（[m], meter） 4

## も

モル（[mol], mole） 5
モル比熱（mole specific heat） 70

## ゆ

有効数字（significant figures） 3
誘導放出（stimulated emission） 85
湯川ポテンシャル（Yukawa potential） 34

## よ

陽子（proton） 89, 101
陽子数（proton number） 102
揚力（lift） 66
横波（transverse wave） 78

## ら

ラジアン（[rad], radian） 51

## り

力学（mechanics） 9
力学的エネルギー保存の法則（law of conservation of mechanical energy） 46, 64
力積（impulse） 37
理想気体（ideal gas） 71
理想気体の状態方程式（equation of state of ideal gas） 72
量子化 111
量子化（quantization） 101
臨界角（critical angle） 81

## れ

レーザー（laser） 85
レプトン（lepton） 122

## ろ

ローレンツ因子（Lorentz factor） 102

## わ

ワット（[W], watt） 44, 94

山﨑耕造（やまざき　こうぞう）
　1949年　富山県に生まれる
　現　在　名古屋大学 名誉教授，自然科学研究機構 核融合科学研究所 名誉教授，
　　　　　総合研究大学院大学 名誉教授
　著　書　『エネルギーと環境の科学』（共立出版）
　　　　　『トコトンやさしい「プラズマの本」』（日刊工業新聞社）
　　　　　『トコトンやさしい「エネルギーの本」』（日刊工業新聞社）
　　　　　『トコトンやさしい「太陽の本」』（日刊工業新聞社）
　　　　　『トコトンやさしい「太陽エネルギー発電の本」』（日刊工業新聞社）
　　　　　『これからの電気のつくりかた』（綜合図書，監修）

## 楽しみながら学ぶ物理入門
Introduction to Physics, Enjoy Learning

検印廃止

| 2015 年 10 月 25 日　初版 1 刷発行 | 著　者　山﨑耕造　© 2015 |
| 2022 年 5 月 1 日　初版 4 刷発行 | 発行者　南條光章 |

発行所　共立出版株式会社

〒112-0006　東京都文京区小日向4-6-19
電話　03-3947-2511　振替　00110-2-57035
URL www.kyoritsu-pub.co.jp

印刷：精興社／製本：協栄製本

NDC 420／Printed in Japan

一般社団法人
自然科学書協会
会員

ISBN 978-4-320-03597-3

JCOPY ＜出版者著作権管理機構委託出版物＞
本書の無断複製は著作権法上での例外を除き禁じられています．複製される場合は，そのつど事前に，出版者著作権管理機構（ＴＥＬ：03-5244-5088，ＦＡＸ：03-5244-5089，e-mail：info@jcopy.or.jp）の許諾を得てください．

# ■物理学関連書

www.kyoritsu-pub.co.jp　共立出版

| | |
|---|---|
| カラー図解 物理学事典 ……………… 杉原 亮他訳 | 演習で理解する基礎物理学 電磁気学 …… 御法川幸雄他著 |
| ケンブリッジ 物理公式ハンドブック ……… 堤 正義訳 | 基礎と演習 理工系の電磁気学 ……………… 高橋正雄著 |
| 現代物理学が描く宇宙論 ………………… 真貝寿明著 | 楽しみながら学ぶ電磁気学入門 …………… 山﨑耕造著 |
| シンプルな物理学 身近な疑問を数理的に考える23講 河辺哲次訳 | 入門 工系の電磁気学 ………………………… 西浦宏幸他著 |
| 大学新入生のための物理入門 第2版 …… 廣岡秀明著 | 詳解 電磁気学演習 …………………………… 後藤憲一他共編 |
| 楽しみながら学ぶ物理入門 ……………… 山﨑耕造著 | 熱の理論 お熱いのはお好き ………………… 太田浩一著 |
| これならわかる物理学 …………………… 大塚徳勝著 | 英語と日本語で学ぶ熱力学 ……………… R.Micheletto他著 |
| 薬学生のための物理入門 薬学準備教育ガイドライン準拠 ……… 廣岡秀明著 | 熱力学入門 (物理学入門S) ……………………… 佐々真一著 |
| 看護と医療技術者のためのぶつり学 第2版 …… 横田俊昭著 | 現代の熱力学 …………………………………… 白井光雲著 |
| 詳解 物理学演習 上・下 ………………… 後藤憲一他共編 | 生体分子の統計力学入門 タンパク質の動きを理解するために …… 藤崎弘士他訳 |
| 物理学基礎実験 第2版新訂 ……………… 宇田川眞行他編 | 新装版 統計力学 ……………………………… 久保亮五著 |
| 独習独解 物理で使う数学 完全版 ……… 井川俊彦訳 | 複雑系フォトニクス レーザカオスの同期と光情報通信への応用 …… 内田淳史著 |
| 物理数学講義 複素関数とその応用 ……… 近藤慶一著 | 光学入門 (物理学入門S) ………………………… 青木貞雄著 |
| 物理数学 量子力学のためのフーリエ解析・特殊関数 …… 柴田尚和他著 | 復刊 レンズ設計法 …………………………… 松居吉哉著 |
| 理工系のための関数論 …………………… 上江洌達也他著 | 量子論の果てなき境界 ミクロとマクロの世界にひそむシュレディンガーの猫たち …… 河辺哲次訳 |
| 工学系学生のための数学物理学演習 増補版 橋爪秀利著 | 量子コンピュータによる機械学習 ……… 大関真之監訳 |
| 詳解 物理応用数学演習 ………………… 後藤憲一他共編 | 大学生のための量子力学演習 ……………… 沼居貴陽著 |
| 演習形式で学ぶ特殊関数・積分変換入門 …… 蓬田 清著 | 量子力学基礎 …………………………………… 松居哲生著 |
| 解析力学講義 古典力学を越えて ………… 近藤慶一著 | 量子力学の基礎 ………………………………… 北野正雄著 |
| 力学 (物理の第一歩) ……………………… 下村 裕著 | 復刊 量子統計力学 …………………………… 伏見康治編 |
| 大学新入生のための力学 ………………… 西浦宏幸他著 | 量子統計力学の数理 …………………………… 新井朝雄著 |
| ファンダメンタル物理学 力学 …………… 笠松健一他著 | 詳解 理論応用量子力学演習 ……………… 後藤憲一他共編 |
| 演習で理解する基礎物理学 力学 ………… 御法川幸雄他著 | 復刊 相対論 第2版 …………………………… 平川浩正著 |
| 工科系の物理学基礎 質点・剛体・連続体の力学 …… 佐々木一夫他著 | 原子物理学 量子テクノロジーへの基本概念 原著第2版 …… 清水康弘訳 |
| 基礎から学べる工系の力学 ……………… 廣岡秀明著 | Q&A放射線物理 改訂2版 …………………… 大塚徳勝他著 |
| 基礎と演習 理工系の力学 ………………… 高橋正雄著 | 量子散乱理論への招待 フェムトの世界を見る物理 緒方一介著 |
| 講義と演習 理工系基礎力学 ……………… 高橋正雄著 | 大学生の固体物理入門 ……………………… 小泉義晴監修 |
| 詳解 力学演習 ……………………………… 後藤憲一他共編 | 固体物性の基礎 ………………………………… 沼居貴陽著 |
| 力学 講義ノート …………………………… 岡田静雄著 | 材料物性の基礎 ………………………………… 沼居貴陽著 |
| 振動・波動 講義ノート …………………… 岡田静雄他著 | やさしい電子回折と初等結晶学 改訂新版 田中通義他著 |
| 電磁気学 講義ノート ……………………… 高木 淳他著 | 物質からの回折と結像 透過電子顕微鏡法の基礎 …… 今野豊彦著 |
| 大学生のための電磁気学演習 …………… 沼居貴陽著 | 物質の対称性と群論 …………………………… 今野豊彦著 |
| プログレッシブ電磁気学 マクスウェル方程式からの展開 水田智史著 | 超音波工学 ……………………………………… 荻 博次著 |
| ファンダメンタル物理学 電磁気・熱・波動 第2版 新居毅人他著 | |